KB242830

그 남자의 섹스

SHE COMES FIRST

내 여자를 위한 사랑의 기술

그 남자의 섹스

미국 성의학 최고의 권위자
이안 커너 박사가 알려주는
즐거운 섹스

이안 커너 지음 | 전광철 옮김

플레북

내 아내 리자에게 바친다.

"당신은 키스를 받아야 하오.
방법을 아는 사람한테, 자주."

클라크 게이블, 〈바람과 함께 사라지다〉 중에서

chapter 03 섹스의 재구성

어느 조루증
남자의 고백

이 책이 전제로 하는 것은 단순 명쾌하다. 사랑의 언어로 대화를 나누며 여성을 만족시키려면 어떤 남자라도 오럴섹스를 모국어처럼 구사해야 한다는 것이다. 섹스분야 베스트셀러 작가인 루 패짓은 이렇게 쓴 바 있다. "여성들에게 물어보라. 대부분 솔직하게 인정할 것이다. 남자가 혀를 잘 다룰 때 여자들은 가장 뜨겁게 달아오르고 격렬한 오르가슴에 도달한다."

그러나 다른 어떤 언어와 마찬가지로 거침없이 자신을 표현하고 노래하고 날아오르듯 어떤 주제를 다루려면 그 문법 및 문체의 규칙을 철저히 익히고 있어야 한다. 이 주제를 다룬 책들 중에서 내가 가장 좋아하는 하나는 고전이 되었어도 여전히 필독서인 《문체의 기본 원칙Elements of Style》이다. 뒷주머니에 넣고 다니느라 닳아빠진 얇은 그 문고판 도서가 없었다면 나는 대학 1학년 작문을 무사히 통과하지 못했음은 물론이고 영어 전공자로서 끝까지 버텨낼 재간도 없었을 것이다. 스트렁크와 화이트 같은 대가들의 손을 거쳐 영문법은 이해할 만하고 의미 있는 것이 되었을 뿐 아니라 아름다워지기까지 했다.

《문체의 기본 원칙》의 저자들은 '과감하고 분명히 표현하도록' 독자들을 고무했다. 이러한 변치 않는 고전의 정신을 따라 이 책《그 남자의 섹스》에서는 풍부한 경험과 지식을 응축하여 필수적인 규칙만을 간결하게 담아낼 것이다. 또한 그 규칙의 기본 원칙과 철학을 설명함으로써 오럴섹스의 문법에 관한 확실한 안내서가 되도록 노력할 것이다. 따라서 이 책은 혀를 이용해 여성의 정신이 혼미해지고 몸이 요동치는 가운데 오르가슴에 이르게 하는 방법을 배우고자 하는 사람들을 위한 것이다.

나는 섹스 치료사sex therapist인 동시에 스스로 실행하는 사람의 관점에서 이 책을 썼다. 나는 오럴섹스에 대해 잘 알고 있으며 또한 즐기는 사람이다. 여성의 성적 흥분에 있어 오럴섹스의 역할을 중요시해 체계적으로 여성의 오르가슴을 이끌어내기 위한 방법론을 창안했다. 이 방법론은 오럴섹스란 단순한 섹스 동작 이상의 것이며 성적 만족을 얻는 데 중심 역할을 한다는 철학에 바탕을 두고 있다. 이 방법론을 '혀의 길'이라고 간략하게 정의하고 넘어가자.

그러나 오해는 하지 마라. 나는 카사노바나 돈 주앙 같은 사람이 아니다. 그들처럼 우쭐대며 거만한 언사를 늘어놓으려는 것이 아니다. 절대 그렇지 않다. 나는 과거에 심한 섹스 장애를 겪었다. 여성을 만족시키지 못하여 생기는 수치심, 고민, 좌절 등을 뼈 속 깊이 잘 알고 있다. 그래서 다른 남성들이 효과적인 섹스 방법을 터득하여 지난날의 나처럼 어려움을 겪는 일이 없도록 하거나, 처음부터 그런 불행과 맞닥뜨리지 않도록 돕기 위해 이 책을 썼다.

내가 오럴섹스를 탐색하기 시작한 계기는 나의 성적 무능력에 대한 대체물을 찾기 위함이었다. 그러나 오럴섹스는 '진짜 섹스'를 통한 기쁨과 영예를 누리지 못하는 초라한 남자의 차선책일 뿐이라는 전제를 벗어나지 못했다. 다른 남자들과 마찬가지로 나 또한 남성과 여성은 당연히 성기 결합을 통해서만 '제대로' 오르가슴을 경험한다고 생각했다. 하지만 놀랍게도 나는 '혀의 기술'이 결코 성기 결합 섹스만 못하지 않다는 사실을 발견했다. 오히려 성기 결합 섹스보다 우월하고, 많은 경우 여성이 자위행위 없이도 지속적이고 리듬감 있는 자극을 통해 오르가슴에 도달할 수 있는 유일한 방법이었다.

나는 곧 오럴섹스야말로 진짜 섹스라는 것을 알았다. 그리고 후에 영향력 있는 저서《여성의 성에 관한 하이트 보고서 Hite Report on Female Sexuality》를 우연히 접하면서 다시금 확신했다. 그 책에 따르면, 여성들은 오럴섹스를 가장 즐겁고 짜릿함을 느끼게 하는 행위 가운데 하나로 여긴다. 그들은 자신들이 오럴섹스를 얼마나 좋아하는지 되풀이해서 말하곤 했다.

쾌락에 관한 한 오르가슴에 이르는 올바른 방법이나 그릇된 방법이 따로 있는 것이 아니다. 한 가지 잘못된 것이 있다면, 여성이 남성보다 오르가슴이 필요치 않다거나 오르가슴을 중요치 않게 여긴다고 생각하는 것이다.

섹스 칼럼니스트 에이미 손은 〈남자 되기 : 여섯 가지 단순한 제안Just Be a Man: Six Simple Suggestions〉이라는 기사에서 "남자는 아래로 가야 한다. 어떤 변명이나 주저함도 필요 없다."고 단도직입적으로 조언했다.

그렇다면 일단 아래로 내려가서 무엇을 해야 하는가? 여성 대다수는 남성들이 쿤닐링구스cunnilingus(남성이 입술이나 혀로 여성의 성기를 자극하고 애무하는 행위. 남성과 여성이 역할을 바꾸어 하는 성행위는 펠레티오fellatio라고 한다 - 옮긴이)를 좋아하지 않는다거나, 방법을 모른다거나, 충분히 해주지 않는다고 불평한다. 플래너리 오코너가 옳았다. 좋은 남자를 찾아보기가 어렵다. 특히 아랫동네로 내려가 여유롭게 돌아다닐 수 있는 남자는 더욱. 그러나 쿤닐링구스에 능숙한 남성은 일단 여성에게 발견되면 그 진가를 인정받지 못하는 경우가 거의 없다. 작가이자 섹스 칼럼니스트인 앙카 라다코비치는 에세이《립서비스 : 노련한 언어학자 되기Lip Service: On

〉〉(cunnilinguist와 철자의 유사성에서 의미상 절묘한 연상을 일으킨다 - 옮긴이)에서 오럴섹스에 뛰어난 자신의 남자친구에 대해 즐거운 마음으로 칭찬하고 있다. "나는 남자친구에게 꼼짝 못하게 되었다. 그래서 나를 만족시켜주면 빨래를 대신 해주겠다고까지 말했다. 두 달이 지나면서 나는 남자친구의 혀 사진을 액자에 넣어 책상 위에 놓아두었다."

이제 여성의 '질 밖'을 생각할 때가 되었다. 입으로 애정을 표시하는 일에 관한 한 모든 남성은 〈바람과 함께 사라지다〉에서 레트 버틀러가 스칼렛 오하라에게 했던 오명을 남긴 대사를 좌우명으로 삼아야 할 것이다. "당신은 키스를 받아야 하오. 방법을 아는 사람한테, 자주."

내 주변 사람들은 나를 평범한 사람이라는 사실을 알고 있다. 내가 이 책의 필요성을 진심으로 믿지 않았다면 내 개인적인 성적 장애와의 싸움을 세상에 공개하는 일은 꿈도 꾸지 못했을 것이다. 이 책이 반드시 필요한 것은 내가 읽고, 듣고, 무엇보다 먼저 섹스 상담가로서 직접 체험한 것에 근거를 두고 있기 때문이다.

모든 섹스 치료사가 여성으로부터 가장 많이 듣는 불평은 삽입 성교시 오르가슴을 느낄 수 없다는 것이다. 이에 대한 해결책은 바로 잡지에서 우리를 책망하며 충고하는 것처럼 전희를 늘리는 것이 아니라, 그보다는 전희와 관련된 행위에서 입을 통한 자극을 확대하여 더욱 능숙하게 완성시키는, 즉 완전한 성행위의 실행을 위해 전희를 핵심 유희로 격상시키는 것이다.

내가 삽입 성교에 반대하는 것은 아니다. 단지 삽입을 넘어 상호 기쁨을 전제로 하고, 여성의 해부학적 특성을 고려하여 오르가슴에 이르도록 자극하는 성행위라는 섹스 개념을 지지하는 것뿐이다. 이 책이 제시하는 모델에서 삽입 성교가 배제되지는 않는다. 대신 섹스 과정에서 우선적으로, 마지막이 아니라 여성이 첫번째 오르가슴에 도달할 때까지 남성의 만족을 지연시킬 것을 권장한다. 이렇게 하면 여성의 만족뿐 아니라 남성이 느끼는 오르가슴의 질 또한 향상되는 이중의 효과를 볼 수 있다. 이 책은 만족의 지연을 의도할 뿐 즐거움의 지연을 의도하는 것은 아니다.

《그 남자의 섹스》는 만족스러운 섹스를 위해 남성과 여성에게 새로운 접근방식을 소개한다. 전부 아니면 전무全無가 되는 고위험 삽입 성교와는 대비되는 것이다. 이제는 이성간의 간극을 메우고 서로 쾌락을 나누는 공평한 장을 만들어야 할 때다. 쿤닐링구스는 그저 이러한 고귀한 목표 달성을 위한 한 가지 수단에 그칠 게 아니라 새로운 섹스 패러다임의 초석이 되어야 한다. 이 패러다임은 쾌락의 나눔, 친밀함, 존중과 만족을 열렬히 찬미한다. 그것은 또한 남자가 여자에게 줄 수 있는 가장 큰 사랑의 선물 중의 하나다.

이 책을 어떻게 읽을 것인가

1부 섹스의 기본 원칙에서는 섹스와 관계에—비록 극적으로 바꾸지는 못할지라도—접근하는 방식을 알려줄 강력한 철학을 소개할 것이다. 그럼으로써 다음과 같은 것을 알게 될 것이다.

- 잘못된 정보를 버리고 여성의 성에 관한 참된 이해 배양하기
- 질보다 클리토리스 중심으로 사고하기, 즉 삽입이 아니라 자극에 중점 두기
- 쾌락을 희생시키지 않으면서 만족을 미루기
- 전희foreplay를 핵심 유희coreplay로 바꾸기
- 능숙하게 여성의 성적 흥분 과정을 탐색하고 쾌락 발전소로서의 클리토리스 역할 인정하기
- 의식적으로 감각을 개발하여 종잡을 수 없는 여성의 오르가슴을 이해 가능한 구체적인 것으로 만들기

우리는 또한 중요하지만 자주 오해하는 주제에 대해 논의할 것이다. 여성 성기의 해부학적 구조, 위생, 안전한 섹스, 섹스에 관해 사고하고 행동하는 방식을 알려줄 사회적·문화적 맥락 등이다.

1부가 쿤닐링구스를 해야 하는 이유에 관한 것이라면, 2부

섹스의 테크닉은 '어떻게'라는 방법을 다룬다. 여러분은 입증된 오럴테크닉을 소개받을 것이다. 이를 통해 성적 흥분의 전체적인 과정, 또는 내가 '전희', '핵심 유희', '추가 유희moreplay'라고 이름 붙인 행위 과정으로 여성을 성공적으로 이끌어갈 수 있을 것이다.

많은 섹스 관련 서적이 그저 무엇을 해야 할지를 알려주는 데 그치지만 내가 확신하는 바로는 '언제' 해야 하는 것도 그만큼 중요하다. 모든 것은 타이밍이기에, 3부 섹스의 재구성에서는 사랑의 높은 절정에 이르기 위한 테크닉들을 자연스럽게 연결된 하나의 과정으로 구성하면서 참고할 만한 몇 가지 모델을 보여준다. 이를 통해 여러분과 파트너는 새로운 섹스의 높은 경지에 도달할 것이다.

이 책에서는 전체에 걸쳐 도해, 조언, 연습, 흥미로운 사실들, 자주 하는 질문들, 많은 남녀가 얘기한 솔직한 응답들, 그들의 개인적인 호불호好不好가 제시될 것이다. 마지막으로, 책의 말미 부록에서는 관련된 많은 주제와 구체적인 상황을 다룰 것이다.

이 책은 실제로 활용할 수 있는 쿤닐링구스 기술을 매우 자세히 다루고 있다. 그리고 오럴섹스 문법을 철저히 익히기 위해 알아야 할 모든 것을 설명하고 중간중간 떠오를 수 있는 질문들에도 답을 찾게 해줄 것이다.

이 책을 다 읽었을 때쯤 여러분은 새로운 관점에서 섹스에 관해 사고할 수 있다. 나아가 여러분의 혀로 몇 번이고 여성을 오르가슴에 이르도록 능숙하게 이끄는 방법을 터득하고 있을 것이다.

이 책은 각자 편한 방식으로 자유롭게 읽어도 좋다. 단, 1부를 뛰어넘어 곧장 2부 테크닉 편으로 가고 싶다면 우선 다음 몇 가지 질문에 대답해보기 바란다.

- 클리토리스가 18부분으로 이루어져 있고 모두 쾌락을 만들어내는 데 일정한 역할을 한다는 사실을 알고 있는가? 또한 그 역할을 식별할 수 있는가?

- 여성의 오르가슴에 이바지하는 말초신경 대부분이 여성 성기의 표면에 집중되어 있고, 자극을 받아 오르가슴에 이르는 데 어떤 삽입도 필요치 않다는 것을 알고 있는가?

- 여성이 느낄 수 있는 오르가슴의 여러 유형을 알고 있는가?

- 지스팟G-spot(여성의 질 내부에 위치하여 강한 쾌감을 느끼는 성감대 - 옮긴이)의 위치를 자신 있게 찾을 수 있는가?

- 쿤닐링구스가 여성을 흥분시켜 복합적인 오르가슴으로 이끌 수 있는 이유를 알고 있는가?

- 여성 성기의 냄새에 남성도 부분적으로 책임이 있는 이유를 알고 있는가?

- 파트너가 오르가슴을 결코 가장하지 않았다고 확신하는 가? 그리고 진짜와 가짜 오르가슴의 차이를 인식할 수 있는가?

위 질문들에 '아니오'라는 대답이 하나라도 있다면 이 책을 처음부터 읽어야 한다. 다만 이 책을 어떤 방식으로 읽든《문체의 기본 원칙》처럼 여러분의 수준과 상관없이 언제든 다시 읽는 책이 되기를 희망한다.

앞으로 다룰 내용 맛보기

이 책을 읽기 전에 숙지해야 할 기본규칙을 소개한다.

1. 아이러니에 대해 인식하라 : 왜냐하면 인간의 성에 관련된 삶은 아이러니로 충만하기 때문이다. 남녀 모두의 성기는 동일한 배아조직에서 만들어졌지만 남성과 여성의 성적 흥분 과정은 매우 다르다. 잡지 〈남성의 건강Men's Health〉의 창간 편집자인 스테판 배첼과 로렌스 로이 스테인은 그들의 책《섹스 : 남성을 위한 지침서Sex: A Man's Guide》에서 이것에 대해 매우 간결하게 정리해 놓았다. "연구에 따르면 남성의 4분의 3이 섹스 시작 후 몇 분 이내에 끝내버린다. 반면 여성은 흥분해서 오르가슴에 이르기까지 15분 이상이 걸린다. 그리고 바로 그 지점에 분노와

슬픔, 조리기구들이 공중에 날아다니는 세상이 놓여 있다."

문법용어를 써서 표현하자면, 대부분의 여성은 파트너의 미숙한 '현수분사(주절의 주어를 의미상의 주어로 삼지 않는 분사 또는 분사구 – 옮긴이)' 앞에서 '불완전한 문장' 때문에 좌절한 상태로 방치되어 있다. 그래서 이 책은 남성의 만족을 지연시키고 여성이 먼저라는 것에 중점을 둔다. 저널리스트 폴라 케이먼이 《그녀의 길 : 현대 젊은 여성에 대한 조사Her Way, a Survey of Contemporary Young Women》에서 썼듯이, 여성의 오르가슴은 더 이상 행운의 보너스이거나 나중에 고려해도 될 만한 것이 아니다. 남성이 성적 죄책감에서 벗어나 항상 그래왔듯이 여성 자신만의 욕망을 추구해야 하는 것이다.

여성을 기쁘게 하는 일에 관해서라면 고대 도교 사상가가 남긴 말을 명심할 필요가 있다. "남자는 상황을 통제해야만 하고 지나치게 서두르지 않으면서 교감의 혜택을 누려야 한다."

2. 그녀를 물건처럼 다루지 마라 : 그녀란 구체적으로 클리토리스를 말한다. 8천 개의 말초신경을 가지고 있으며(페니스의 2배이다), 단 한 번의 섹스에서 복합적 오르가슴을 만들어낼 수 있으니 경탄할 만하지 않은가. 쾌락 이외에는 아무런 목적이 없으니 섹스 치료사 마스터스와 존슨이 '모든 인류에게 있어 가장 독특한 기관이 바로 클리토리스'라고 선언한 것도 당연한 일이

다. 클리토리스는 드러나거나 숨겨진 곳을 합쳐 18개가 넘는 부분으로 이루어져 있는데 이것 모두 쾌락의 생산에 기여한다. 전통적인 지식과는 달리 클리토리스는 그냥 '사랑의 단추love button' 이상의 것으로, 휴화산보다 많은 열점을 가진 정교하면서도 성적 흥분의 네트워크다.

3. 혀는 그 무엇보다 강하다 : 특히 클리토리스를 자극할 때 그러하다. 25센티의 성기를 가진 것으로 유명한 포르노 스타 론 제레미는 이렇게 말했다. "페니스보다 혀로 더 많은 여성을 보내버렸다."

《성에 관한 하이트 보고서Hite Report on Sexuality》를 쓴 쉬어 하이트는 이렇게까지 주장했다. "삽입 성교는 여성을 오르가슴에 도달하도록 자극할 수 없게 되어 있다." 그 이유 가운데 하나는 클리토리스는 질 입구에서 2~3센티 정도 여성의 몸 앞쪽에 위치해 있어 성교를 하는 동안에는 페니스가 클리토리스를 함께 자극하기가 어렵기 때문이다.

《섹스 : 남성을 위한 지침서》의 저자들은 다음과 같은 연구를 인용하고 있다. 행복하고 원만한 결혼 생활을 유지하고 있는 98명의 여성들이 잦은 성행위와 높은 만족을 느끼고 있는 경험을 섹스 일지에 기록했다. 그들은 모든 성행위 가운데 가장 만족스러운 것이 바로 쿤닐링구스라고 진술했다. 그들의

82퍼센트가 남편이 입으로 자극할 때 매우 만족스러웠다고 했다. 그 다음으로 만족도 높은 행위가 삽입 성교로, 단지 68퍼센트의 여성들이 매우 만족스러웠다고 말했다. 그들은 삽입 성교를 통해서는 네 차례에 1회(25퍼센트) 정도꼴로 오르가슴에 도달했다고 기록했다. 그러나 쿤닐링구스로는 10차례에 8회 정도(81퍼센트) 오르가슴에 도달했다고 기록했다.

알렉스 컴포트 박사가 《섹스의 새로운 기쁨The New Joy of Sex》에서 쿤닐링구스에 대해 밝혔듯이, 이 방법으로 여성으로 하여금 수없이 많은 오르가슴을 느끼게 만들 수 있다. 아마도 그 여성은 지금도 계속해서 이 방법으로 하길 원할 것이다.

4. 시행착오를 통해 배워라 : 망가이아 쿡 아일랜드의 청소년들은 향후 파트너의 쾌락을 보장하기 위해 유방의 멋들어진 자극점을 찾는 일과 쿤닐링구스 및 사정을 늦추는 법에 대해 익힌다. 이들과 달리 서구식 성교육은 불완전하기 그지없다.

파트너의 오럴테크닉에 관한 쉬어 하이트의 조사에서 여성 대다수는 남자들이 너무 거칠고 성급하다고 못마땅해했다. 너무 빠르거나 너무 느리고, 또한 과녁을 맞히지 못하기도 하고 제때 리듬을 바꾸지 못한다는 것이다. 한 여성은 이렇게 부르짖기도 했다. "그가 내 클리토리스를 지워버리려고 하는 것 같아요."

이크!

하지만 많은 여성이 잘 모르는 게 있는데, 바로 남성들은 피드백과 지도를 간절히 바라고 있다는 점이다. 그들은 간절히 가르침을 원하지만 섹스에 관해 대화를 나누기란 쉬운 일이 아니다. 열기로 가득한 순간에 말이 잘못 나올 때가 많다. 작가 샐리 티스데일이《나에게 추잡한 말을 해봐 : 친밀함의 섹스 철학Talk Dirty to Me : An Intimate Philosophy of Sex》에서 지적했듯이, 우리는 성적 흥분의 느낌이 어떤 것인지, 오르가슴이 무엇인지, 우리가 서로 가까워져 하나가 될수록 말은 그 가치를 잃어버리고 점점 말이 필요없어진다.

그리하여 우리는 섹스 서적이나 잡지에 의존할 수밖에 없다. 더욱 나쁜 것은 유치한 포르노 영화나 탈의실에서의 잡담에 의지하는 것이다. 성 관련 서적 대부분은 백과사전식 접근 방식을 취한다. 이것저것 많은 것을 이야기하지만 모든 것을 얘기해주는 책은 없다. 그것들은 깊이보다는 너비를 강조하고, 쿤닐링구스에 관해서는 잘해야 다른 주제와 비슷한 정도의 관심을 둘 뿐이다. 구체적인 테크닉에 관해서는 많아야 몇 페이지만 할당한다. 또한 쿤닐링구스에 대한 대부분의 서술이 전희 측면에서만 살펴본다. 그 자체를 완결된 과정으로서 정당하게 다루어야 함에도 말이다. 그것들은 크고 두툼한 요리책처럼 각 분야별로 몇 가지 조리법을 소개하는 데 그칠 뿐이다. 그러나 쿤닐링구스는 그 자체로서 한 끼 식사이고, 수천 가지는 아닐지라도 수백 가지 방식으로 맛볼 수 있다.

남성들이여, 주목하라

이 책은 여성의 오르가슴에 관하여 배우고자 하는 사람, 영감이 함께하는 오럴테크닉을 터득함으로써 지속적으로 오르가슴을 이끌어내고자 하는 사람, 즉 이성애자·동성애자·남성 또는 여성 누구에게나 도움이 된다. 그중에서도 더 나은, 좀더 감각적인 연인이 되고 싶어하는 남성과 그들을 교육시킴으로써 혜택을 얻고 싶어하는 여성들을 위해 씌어졌다.

사실인즉 남성과 여성의 섹스에 대한 배움 방식은 많이 다르다. 1953년 인간의 성에 대한 유명한 연구 성과인《킨제이 보고서The Kinsey Report》내용에 따르면, 젊든 나이가 들었든 여성들은 남성만큼 공개적으로 자신의 성경험을 논의하지 않는 게 분명하다. 그때부터 많은 변화가 있었다. 1990년에 개정된《성지식에 대한 보고서Kinsey Report on Sexual Literacy》에서 저자들이 주목한 것은 18~29세 여성이 같은 연령대의 남성보다 성지식에서 앞서 있는데, 그 원인은 성 관련 정보 및 여성 건강과 관련해 다가가기 쉬운 출판물을 접할 권리가 있다는 믿음이 점증했다는 데 있다. 지난 반세기 동안 명료함과 솔직함을 중점으로 한 여성 운동 및 안전한 섹스 운동이 여성의 몸과 성에 관한 여성 교육에 크게 기여한 것은 분명하다.

그렇다면 남성은 어떠한가? 내가 연구와 인터뷰 과정을 통해 알게 된 바는 여성은 대체로 남성에 비해 성에 관해 더 박식하고 섹스를 주제로 자유롭고 솔직하게 논의할 준비가 되어 있다는 점이다. 특히 쿤닐링구스와 관련된 성행위를 묘사할 때도 여성은 자신의 성적 반응과 관련하여 기교상의 세세함뿐만 아니라 질적인 측면에서도 훨씬 더 의식이 높았다. 성 관련 지식 획득에 있어서도 여성은 개인적 체험의 중요성을 강조하면서도 많은 부분 서적, 잡지, 그리고 인터넷을 통해서거나 친구와 부모로부터 얻은 것이라고 얘기했다.

반면 남성은 성에 대해 아는 바가 별로 없고, 쿤닐링구스 행위 묘사도 여성에 비해 시각적이고 객관화하여 설명하는 경향이 있었다. 남성은 여성 성에 관한 정보 획득을 포르노물과 직접적인 체험에 많이 의존할 뿐 부모와 친구로부터 조언을 구하는 일은 매우 불편하다는 사실을 인정했다.

그렇다면 남성은 여성의 성적 반응 촉진 방법에 관한 구체적이고 정확한 정보를 어디에서 구할 것인가? 대중매체는 일주일에 하루 24시간 내내 섹스폭탄을 퍼부어댄다. 그러면서도 정작 인간의 성에 대한 논의는 거의 없다시피 하고, 특히 남성을 대상으로 하는 것은 더욱더 희귀하다. 얄궂게도 나와 함께 이야기 나눈 어떤 남성은 드라마 〈섹스 앤 더 시티Sex and the City)가 여성의 성적 태도와 욕망에 관한 지식 획득의 주된 원천이었다. 오럴섹스, 오르가슴, 기타 이슈에 대한 대화가 많이 나오는 덕분이다. 또 다른 이는 〈코스모Cosmo〉와 〈글래머Glamour〉 같은 잡지를 남몰래 읽으면서 남성잡지에서 찾아볼 수 없는 양질의 정보와 깨달음을 얻었다고 털어놓았다.

잡지를 통해 정보를 습득하는 한 남자는 이렇게 정리했다.

"〈코스모〉와 〈글래머〉가 성과 남녀 관계 면에서 남성잡지 〈플레이보이Playboy〉와 〈맥심Maxim〉에 비해 훨씬 더 구체적이다. 이들은 성에 관해 끊임없이 늘어놓지만 성의 본질에 대해서는 말하지 않는다. 그들은 조언보다는 정복을 지향한다. 그리고 온갖 기구들, 근육단련, 앞서가는 것에 주안점을 둔다. 〈남성의 건강〉이 분명한 획을 긋기는 했어도 그것 하나뿐이고, 그마저도 상세한 섹스 정보보다는 완벽한 복근을 얻는 데 중점을 둔다."

불행하게도 결국 남성과 여성 모두 정확한 정보의 결핍에 시달린다. 남자들은 포르노 스타들처럼 혀를 날름거리고, 클리토리스 자극과 무관한 자세를 취하고, 일반적으로 여성의 해부학적 구조 및 성적 흥분 과정에 대해 무지한 상태다.

내 여자를 위한 사랑의 기술

쿤닐링구스 행위자로서 나 스스로에 대한 교육은 섹스 장애인 조루증과의 장기적인 전투와 더불어 시작되었다. 나는 절망했고 슬픔에 빠졌다. 여자의 벗은 몸만 보아도 통제력을 잃었고 전희로 끝이 났다. 사랑의 언어에서 첫음절을 지날 수 없었다. 나는 확신했다. 내 묘비에는 이렇게 쓰일 것이다. "왔노라. 보았노라. 그리고 그는 쌌노라."

나중에 섹스 연구의 개척자 알프레드 킨제이로부터 알게 된 바로는 보통의 남성은 평균 약 2분 30초 동안 삽입 자세를 유지한다고 한다. 이로부터 약간의 위안을 얻긴 했어도 그 당시 나는 몹시 우울했다. 나는 자주 내 자신에 대해 의아하게 생각했다. 왜 내가 생물학적으로 저주를 받아 그렇게 빨리 오르가슴에 이르는지. 진화의 전투를 지배하는 자연선택에서 비롯된 원시적 흔적일까? 남성이 가능하면 빠르게 씨를 뿌려서 유전물질을 퍼뜨리기 위함일까? 찰스 다윈이라면 내가 슬퍼하는 그 약점이 사실은 적자생존 투쟁에서 유리한 것이라고 말하지 않았을까? 하지만 나는 불운한 자들 가운데서 힘겹게 생존하는 존재처럼 느껴졌다.

나는 성적 장애인이나 다름없었고, 오럴섹스는 나에게 어쩔 수 없는 대용물이었다. 페니스로 여성을 만족시킬 수 없다면 입으로라도 만족시켜야 했다. 아직도 기억한다, 나의 모든 두려움, 편견, 황당한 실수들이 넘쳤던 대학시절을.

나의 쿤닐링구스에 대한 최초의 탐구는 다른 남자들의 머뭇거림과 임시방편적인 태도와는 달랐다. 시행착오를 통해 배

위 가면서 마침내 쿤닐링구스는 일시적이고 선택적인 전희가 아니라 그 이상이란 점을 깨달았다. 그것은 핵심 행위였다. 서론, 본론, 결론을 가진 필수 과정이었던 것이다. 여러 자극 단계를 거치면서 여성을 궁극의 오르가슴에 이르게 하는 것이었다.

쿤닐링구스 덕분에 나는 여성을 최대한 완벽하게 만족시킬 수 있었으며 더 이상 섹스에 대한 근심 없이 즐기기 시작했다. 걱정에서 벗어남으로써 통제력도 강화되어 많은 면에서 더 좋은 연인이 되었다. 쿤닐링구스가 나의 성생활을 구제한 것은 분명하다. 나아가 조루증과 싸우면서 겪은 모든 우울과 두통을 떠올려보면 내 인생을 구했다고 해도 지나치지 않다.

나는 처음으로 혀를 이용해 한 여성을 오르가슴에 이르게 했을 때를 잊지 못한다. 눈물겨운 순간이었다. 나는 E.B. 화이트E.B. White와 같은 감정을 느꼈다. 화이트는 뉴욕에서 젊은 작가로서 분투하고 있던 당시를 회상하면서 자신의 느낌을 묘사했다. 저녁 식사를 위해 14번가의 차일드 레스토랑에 앉아, 들고 온 우편물에서 잡지 기사에 대한 첫 원고료 명세서를 발견했던 상황이었다. "나는 아직도 그 느낌을 기억한다. 바로 이거였어! 나도 드디어 프로가 되었다구. 나는 너무도 유쾌한 마음으로 식사를 즐겼다."

내 느낌도 바로 그랬다!

지금 나는 행복한 결혼생활을 하고 있고 원만하게 사랑을 나눌 수 있다. 그러나 나는 아직도 '혀의 기술'을 신뢰한다. 혀는 그 일에 딱 들어맞는 도구이자 그 이상이라고 믿는다. 쿤닐링구스는 남자가 할 수 있는 가장 친밀하고, 존중감이 표현되고, 보상이 따르는 섹스 행위다. 샐리 티스데일이 쓴 것처럼, 다른 사람의 식욕 또는 입에 내맡기는 것, 오럴섹스는 섹스 행위 가운데서도 가장 강력할 것이다. 그것은 가장 취약한 약점까지 내어놓는 친밀함에서 비롯된 힘의 행위다.

어떤 이들은 오럴섹스가 입으로 하는 음악이라고 표현한다. 그렇다면 나는 음악가로서 꽤나 큰 성취를 이루었다. 그러나 나는 아내를 만나고 나서야 비로소 하나뿐이고, 아름답고, 가치를 헤아릴 수 없는 나의 스트라디바리우스를 얻었다고 할 수 있다. 아내가 나의 바이올린이라면, 나는 그 활이다. 여러분도 나처럼 자신만의 스트라디바리우스를 찾았으면 좋겠다. 그리고 일단 찾았다면 그것을 지키고, 소중히 여기고, 충실하게 대해야 한다. 그래야 거장처럼 연주할 수 있을 테니까.

나는 성공의 일반적 기술을 논할 뿐 모든 여성은 천차만별이고, 쿤닐링구스는 궁극적으로 사적인 관계에서의 행위다. 스쳐 지나가는 관계에서는 재미를 볼 수 없다는 얘기가 아니다. 하지만 그러한 행각들은 궁극적으로 더 큰 목적의식 없이 기교만을 추구하는 것이다. 대단히 만족스러운 오럴섹스는 행위 속의 리듬에 몸을 맡기고 긴장을 풀어가는 가운데 자아의 깊고 본능적인 부분에 다가서야 가능하다. 그것에는 각 단계마다 서로를 놓아주고 다시 결합하는 상호 작용이 포함된다. 그 행위 속에서 속임수를 쓰는 것은 가능하지 않다. 단순한 기교 이상이 되어야 한다. 모든 감각과 상상력을 동원하여 기교를 풀어내야 한다. 진심으로 집중해야 하고, 몸과 마음과 영혼으로 존재해야 한다.

E.B. 화이트는 이렇게 말했다. "문체는 어떤 이가 알고 있는 것이 아니라 그의 존재로부터 나온다. 그렇지만 도움을 받을 수 있는 몇 가지 유용한 힌트는 있다."

이 점을 마음에 담아두고 이제 본론으로 들어가보자.

자연의 질서에 따라

가장 중요한

원칙들에서

시작하자.

아리스토텔레스, 《시학》

chapter 01

섹스의
기본 원칙

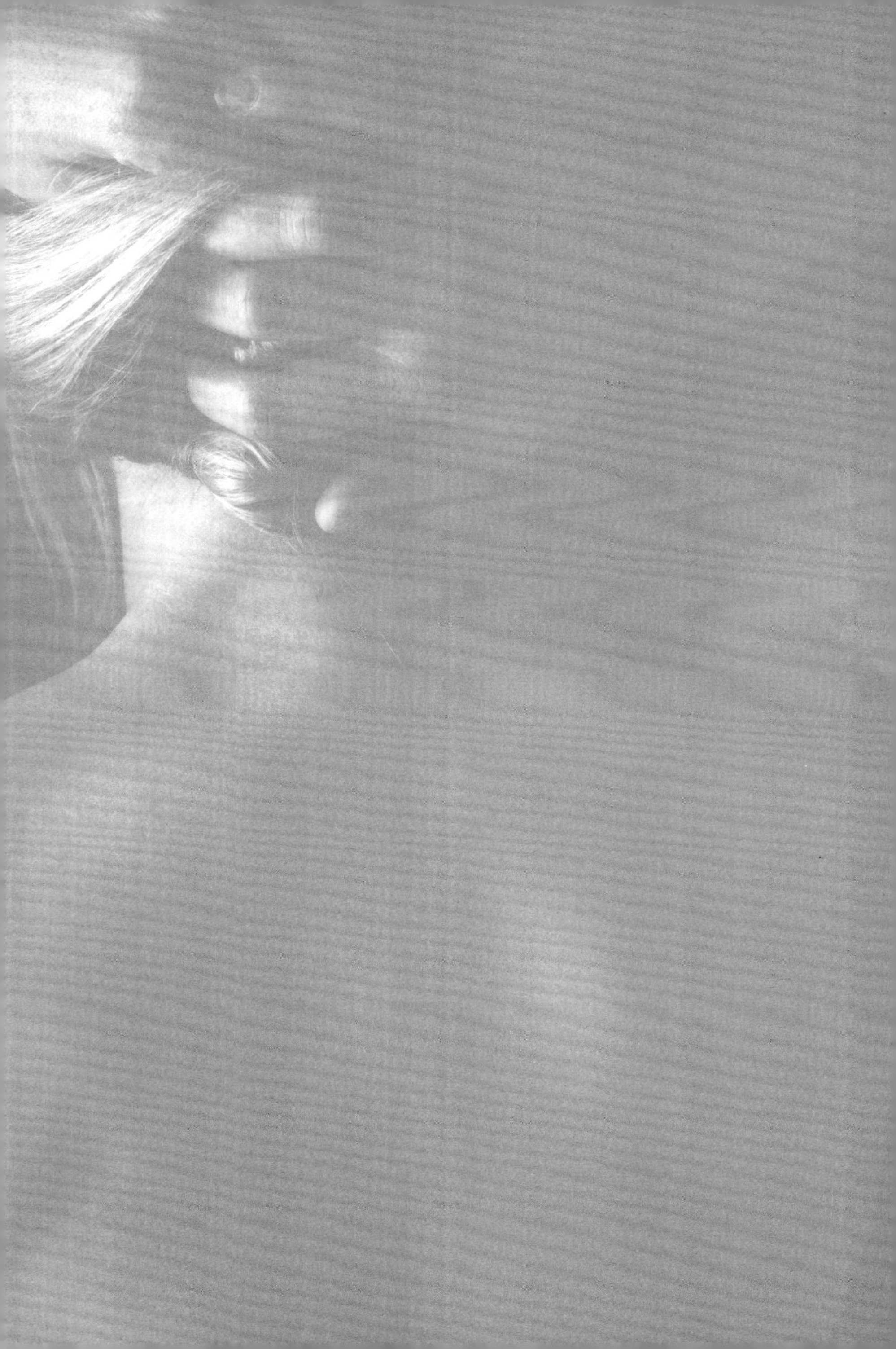

여성이 먼저다
: 만족을 위한 기다림

"남성 여러분, 여성이 먼저입니다."

여성을 만족시키는 일이라면, 조금 구식이긴 해도 기사도만 있으면 충분하다. 그러한 예절이 중요하다는 얘기는 결코 과장이 아니다.

한 예로 폭력적이던 남편의 성기를 잘라버린 로레나 보비트에게 주목해보자. 경찰이 남편의 성기를 자른 이유를 묻자 그녀는 이렇게 대답했다. "남편은 항상 혼자만 오르가슴을 느끼지 나를 기다려주지 않았어요. 불공평해요."

무슨 말이 더 필요한가?

남자는 효율적으로 만들어졌다. 남자가 흥분하는 데는 많은 시간이 필요치 않고 일단 사정하고 나면 '불응기refractory period'(생물 또는 좁게는 신경이나 근육세포가 한 번 자극에 반응한 후 다음 자극에 반응할 수 없는 짧은 기간 - 옮긴이)가 필요하다. 돌아누워 코 골면서 시작되는 이 기간은 남성의 나이에 따라서 몇 분에서 며칠이 걸리기도 한다.

일반적으로 남성의 오르가슴이 쉽게 찾아온다는 사실은 두 말할 필요 없다. 마스터스와 존슨이 '사정의 불가피성'이라고 이름 붙이고, 수천 명의 성생활에 관하여 인터뷰한 것으로 유명한 킨제이 박사는 남성의 75퍼센트가 2분 안에 사정한다고 공표했다.

그러나 여성의 오르가슴에 관한 한 불가피한 것은 아무것도 없다. 샐리 티스데일은 이렇게 썼다.

"남성의 성은 나의 성과는 근본적으로 달라 보인다. 페니스의 머리와 몸체를 제외하고는 몸의 어떤 부분도 관련되거나 수고할 필요가 없고, 벗을 필요도 더럽힐 필요도 없기 때문이다. 나에게 있어 남성의 오르가슴은 언제나 갑자기 폭발하는 것처럼, 그리고 나의 오르가슴에 비해 한없이 준비되고 의도된 것처럼 보였다."

여성의 오르가슴은 더욱 복잡한 일이며, 성행위를 하면서 시간이 오래 걸리는 경우가 많다. 특히 첫 오르가슴에 도달하기란 매우 어려운 일이어서 지속적인 자극과 집중, 그리고 안정이 요구된다.

시카고 대학의 연구자들이 《1994 미국의 섹스 조사 1994 Sex

in America Survey》에서 밝힌 바에 따르면, 남성은 여성보다 성교 중 더욱 일관되게 오르가슴에 이른다. 남성의 4분의 3이, 여성의 3분의 1 미만이 항상 오르가슴을 느낀다는 사실은 그다지 놀라울 게 없다. 3분의 1 미만이라니! 이는 평균적으로 여성 3명 가운데 2명 이상이 절정에 이르지 못한다는 얘기다. 날이 선 연장을 숨겨 두어야 할 충분한 이유가 되지 않는가!

"남성은 양陽에 속한다.
양의 특성은 쉽게 흥분하는 데 있다.
하지만 쉽게 물러나기도 한다.
여성은 음陰에 속한다.
음의 특성은 천천히 흥분하지만
서서히 사그라든다."

– 도교 사상가 우시엔Wu Hsien

쓰라리고 잔인한 아이러니가 남녀의 흥분 과정에 도사리고 있는 듯하다. 여성의 독특한 측면, 즉 오직 쾌락 생성만을 목적으로 만들어진 클리토리스를 가지고 있으며, 한 번의 섹스에서 다중 오르가슴multiple orgasms 체험 능력을 지니고 있음에도 불타오르는 절정에 이를 수 있는 막대한 잠재력이 불꽃을 피워낼 성냥이 없어 장엄한 화염을 일으키지 못한 채 연기만 피우다

꺼지고 마는 경우가 허다한 것이다.

많은 남성이 이는 성냥의 문제라기보다는 여성의 퓨즈가 너무 길어서 발생하는 문제라고 말한다. 도대체 길다면 얼마나 길다는 것일까? 킨제이, 그리고 마스터스와 존슨의 연구에 따르면 파트너가 전희를 위해 21분 이상을 사용하는 경우 7.7퍼센트의 여성만이 지속적으로 오르가슴에 이르지 못했다. 이는 지각변동과도 같은 변화이다. 3명 가운데 2명의 여성이 절정에 이르지 못하는 데서 10명 가운데 9명이 만족을 얻었으니 모두가 시간 문제였던 것이다.

이 세상 문제 중에 단 20분 만에 해결 가능한 것은 거의 없다. 그런데도 침실이라는 복잡한 사회정치적 배경 속에서 우리는 상호 만족을 만들어낼 수 있는 기회를 확보했다.

그렇다면 성적 평화와 평등이라는 맥락에서 20분간 제대로 집중하자는 것이 정말로 무리한 요구일까? 특히 그렇게 함으로써 당신의 성생활이 구제받을 수 있는데도?

진정한 신사도를 따르자. 남성들이여, 만족을 뒤로 늦춰라! 영국 소네트의 아버지 토마스 와이어트 경이 말했다. "인내가 나의 노래가 될 것이다."라고.

여성을 오르가슴으로 이끄는 일은 매우 즐겁고 자유로운 감동을 준다. 여성이 먼저 오르가슴에 이르면 근심과 압박감이 사라진다. 그러면 남성은 대담해지고 잠시 후 펼쳐질 만족⁽미루었기 때문에 더욱 더 강렬해질 절정)을 열정적으로 추구할 수 있는 힘을 얻게 된다.

남자로서 무엇을 더 바라겠는가?

"저는 여자친구가 오르가슴에 이르도록 하는 일이 좋습니다. 이 모든 것을 좋아합니다. 쌓여온 쾌락이 물결처럼 흘러나오고, 절정에 굴복하고, 경련을 일으키며 만족에 이르고, 한순간 자신을 잃어버리는 체험. 제가 그렇게 해냈다는 사실을 알기 때문에 더욱 흥분하게 됩니다." (데이비드, 27세)

02

클리토리스
: 성능 좋은 작은 엔진

클리토리스에 대해 사람들은 작은 사랑의 단추, 귀여운 분홍 진주, 콩알만한 크기, 돌기, 옹이, 작은 고추 등을 떠올린다.

클리토리스에는 눈에 띄는 것 이상이 담겨 있다. 귀두 또는 머리가 클리토리스의 전부라고 착각해서는 안 된다. 나중에 다시 논하겠지만, 머리는 빙산의 일각일 뿐 보이지 않는 쾌락의 보고寶庫라는 사실을 잊지 마라.*

고대 그리스 신전의 기둥들처럼 클리토리스는 머리, 몸체,

---

*지금도 의료와 과학계에서 클리토리스의 구조가 다소 논쟁거리가 되고 있는 점은 전혀 문제되지 않는다. 전통주의자들 가운데는 클리토리스가 머리(귀두) 이상을 넘어서지 않는다고 주장하는 이들이 있지만, 마스터스와 존슨, 메리 제인 셔피, 페미니스트연합 여성건강센터 같은 선구자들의 연구에 바탕을 두고 있는 좀더 진보적이면서 폭넓게 인정되는 견해도 있다. 즉, 클리토리스가 남성의 페니스에 상응하는 복합적인 기관이라는 것이다. 이 책 역시 그런 견해를 지지한다.

기저 세 부분으로 이루어져 있다. 그리고 성기를 포함하여 골반 부근의 보이는 신체 부분들 전체에 뻗어 있고, 위로는 치골과 아래로는 항문에 이르는 질 안의 보이지 않는 부분에까지 미친다. 페미니스트연합 여성건강센터Federation of Feminist Women's Health Centers는 자신의 획기적인 작품인《여성의 몸에 관한 새로운 관점 : 완벽 해설가이드A New View of a Woman's Body : A Fully Illustrated Guide》에서 클리토리스 망에서 18개의 가시적·비가시적 구조를 구별했다.

클리토리스는 신체의 어느 부분보다 많은 8천 개가 넘는 신경섬유를 지니면서 골반 부위 전체에 퍼져 있는 1만 5천 개의 신경섬유와 서로 작용한다. 이 방대한 성감대가 글자 그대로 쾌락의 무한한 가능성을 펼쳐낸다. 과학 작가인 나탈리 엔지어는 클리토리스 망에 대하여 "신경은 늑대나 새와 같다. 하나가 울기 시작하면 이내 주변으로 퍼져나간다."라고 말했다. 그러므로 클리토리스를 그저 작은 돌출물쯤으로 여길 게 아니라 쾌락의 창고, 여성의 중심에 위치한 낙원이라고 생각해야 한다.

성적 흥분으로 인해 혈액이 가득 차면 클리토리스는 페니스와 같이 커진다. 사실 페니스와 같은 배아조직에서 만들어진 클리토리스는 남성의 성기와 일대일로 비교된다. 생식과 배설의 책임을 지고 있는 페니스와 달리 클리토리스는 전적으로 쾌락에만 관여하고, 남성은 '꿈도 꾸지 못할 만큼 무한한 성적 반응의 가능성'을 여성에게 부여한다(마스터스와 존슨).

그리스 신화에 따르면 제우스와 헤라가 암수 한몸의 티레시아스를 찾아가 섹스를 할 때 남자와 여자 중 어느 쪽이 더 많은 쾌락을 느끼는지 물어보았다. 티레시아스는 "사랑할 때의 즐거움을 모두 열이라고 한다면, 여자에게 아홉이 가고 남자에게는 하나만 갑니다."라고 대답했다.

클리토리스 망을 탐구하기 시작한 여러분은 미지의 땅을 향해 여행을 떠난 크리스토퍼 콜럼버스처럼 완전히 새로운 세상을 만날 것이다. 하지만 조금 지리를 아는 것만으로도 충분하다. 지구는 평평하지 않다. 클리토리스도 사랑의 단추가 아니다. 여러분의 지도를 숙지하라. 그리고 항해는 모두 다 독특하다는 점을 명심하라.

페니스에 의존하지
않는 섹스

남성이 흔히 그러하듯이 탈의실에서 섹스 이야기를 할 때면 '딱딱하게' '깊숙이' 같은 삽입과 연관된 말을 늘어놓는 경향이 있다. "나는 그녀 안에서 거시기를 빼냈어." 쾌락이 마치 그녀의 자궁 깊은 곳에 묻혀 있고, 남자의 강력한 물건으로 쑤시고 밀쳐서 발굴해야 할 금덩어리라도 되는 모양이다.

다음과 같이 말하는 남성은 아주 드물다. "나는 깃털처럼 섬세하고 가볍게 그녀와 섹스했다.", "나비의 신비로운 날개처럼 사뿐히 그녀의 음부를 스쳤다.", "살짝 건드리니 그녀가 한껏 달아올랐어!" 하지만 이런 말이야말로 매우 적절한 표현이다. 질의 3분의 2에 해당하는 안쪽 부분은 3분의 1밖에 안 되는 바깥 부분보다 자극에 민감하지 않기 때문이다. 킨제이 박사는 5명의 부인과 의사를 통해 거의 900명에 이르는 여성의 성기를 조사 의뢰했다. 어느 부분이 가장 민감한지를 알아내는 실험 결과, 질 깊숙한 곳에는 말초신경이 거의 없고 건드리거나 살짝 눌렀을 때 둔감하다는 사실을 밝혀냈다. 반면 클리토리스는 가볍게 건드리기만 해도 98퍼센트의 여성이 접촉을 인지했다.

여성의 성적 반응을 일으키는 데 질보다는 클리토리스가 우월하다는 점은 많은 남성을 공황에 빠뜨릴 것이다. 삶의 의미, 적어도 페니스의 존재 의미에 대해 의문을 갖게 하기에 충분하기 때문이다. 그러나 어렵긴 해도 생식과 쾌락을 분리시키는 일이 중요하다. 질에 딱 들어맞는다는 편리함 덕분에 페니스가 생식 면에서 중요한 역할을 하지만 쾌락을 위해서도 반드시 이상적인 것은 아니다.

이런 종류의 이야기가 그다지 흥미롭지 않을 것이다. 사회에 형성되어 있는 섹스 개념의 기반을 거슬리고 주요 패러다임인 상호 쾌락 모델에서 차지하는 성교의 가치에 의구심을 갖도록 만들기 때문이다. 첫날밤 관계를 치러 처녀성을 상실하는 것에서부터 함께 느끼는 오르가슴의 소중함에 이르기까지, 우리 문화는 생식기 삽입의 역할을 이성애 관계의 본질이자 대단원의 막으로서 소중히 간직해왔다. 그것이 없으면 세 번째 데이트 third date(섹스를 치르는 데이트 – 옮긴이)가 무슨 의미를 갖겠는가?

성기 삽입의 필요성이 과장되었을지 모른다는 생각은 쓴 약처럼 삼키기가 어렵다. 특히 자존감의 많은 부분을 여성에게 쾌락을 안겨주는 페니스의 가치에 의존하는 남성에게는 더더욱 그러할 것이다.

나중에 보게 되겠지만, 우리 문화에서 클리토리스를 배제하는 역사는 오래되었다. 그것은 프로이트까지 거슬러 올라갈 만큼 우리 집단의식에 깊숙이 뿌리박힌 사고방식이어서 여성조차 전통적인 사고에 도전하거나 남성의 자아를 상실케 하는 위협을 무릅쓰려 하지 않는다. 그 결과 자기 몸의 자연스러운 본능, 반응, 감각을 의문시하거나 억압하기 쉽다.

작가 루 패짓에 따르면, 〈코스모폴리탄Cosmopolitan〉 지의 편집자들에게 여성 독자들이 가장 많이 하는 질문은 섹스할 때 오르가슴을 느끼기 위해서는 어떻게 해야 하는가이다. 이에 대한 답은 간단하다. "삽입 성교를 하지 마라! 또는 삽입 성교를 성행위 자체가 아니라 더 큰 성행위의 일부로 만들어라!"

약은 반드시 입에 써야 할 필요가 없고 일단 삼키면 해방감을 만끽할 수 있다. 여성의 성적인 반응 과정을 어떻게 인식하고 탐색해야 할지를 알면, 또한 그 과정을 촉진하는 클리토리스의 역할을 이해하면 섹스가 훨씬 더 편하고 쉬워지며, 더 큰 만족을 느낄 수 있다. 그렇게 되면 페니스뿐만 아니라 손과 입으로, 몸과 마음으로 쾌락을 창조한다. 삽입 성교에 대한 강박관념에서 풀려나는 순간 쾌락을 체험하는 새로운 방법에 눈을 뜨고, 생식적으로는 남성답지 않다고 여길 수 있지만 궁극적으로는 더욱 남성다워질 수 있다. 더 이상 페니스에만 의존하지 않는 섹스와 함께 크기, 정력, 행위의 성공에 대해 갖는 진부한 근심으로부터 벗어날 수 있다. 그럼으로써 더욱 위대하고 온전한 자신으로서 자유롭게 사랑할 수 있게 된다.

여성의 오르가슴을 불러오는 자극

여성의 성에 관한 지식과 관련하여 클리토리스, 지스팟, 혼합, 그리고 질 등 오르가슴을 이끌어내는 부위의 차이에 대해서는 많은 논란이 있어왔다. 클리토리스를 통한 오르가슴은 빠르고 가벼운 반면, 다른 방식의 오르가슴은 그에 비해 좀더 진중한 것으로 여겨졌다.

그러나 해부학을 조금만 알아도 모든 오르가슴이 클리토리스에서 비롯된다는 사실을 알 수 있다. 클리토리스는 섹스의 중심점이자 어떤 감각도 그냥 지나치지 않는 오르가슴의 발전소다. 나탈리 엔지어가 악명 높은 지스팟, 그러니까 질 내부의 부드러운 조직이 위치한 부분에 대하여 썼듯이, 클리토리스라는 뿌리는 깊숙이 뻗어 내려 있으며, 끝부분의 흥분을 통해서도 자극될 수 있다. 즉 지스팟은 클리토리스의 말미와 다름없다.

삽입을 통한 질 오르가슴과 쾌락에 겨워 새어나오는 신음이라는 것은 미안하지만 여러분의 착각일 뿐이다. 대부분의 남성이 아마도 지극한 황홀경은 깊숙이 꽂아넣기의 가공할 만한 위력으로 질 깊은 곳에서 비롯된다고 믿고 있을 것이다.

그러나 사실은 레베카 초커가 '클리토리스의 아랫단clitoral cuff'이라고 부른, 질구를 둘러싸고 있는 클리토리스 일부에 대한 압박 때문에 일어나는 것이다. 고도로 민감한 이 부분이 자극을 받아 혈액으로 충만해지면 질구에 말발굽 편자 모양의 아치가 만들어지고 남성의 페니스에 마찰과 압력을 가한다. 그러므로 어떤 의미에서 여성과 남성의 오르가슴은 둘 다 클리토리스에 대한 자극에 의지한다고 할 수 있다.

질에 대한 집착을 놓지 못하는 의심 많은 도마St. Thomas(12제자 가운데 하나로 눈으로 직접 확인하기 전까지 예수의 부활을 믿지 못했다 - 옮긴이)들은 5천 명 가운데 1명의 여성이 질 발육부전이라는 장애로 고생한다는 사실을 고려해야 한다. 그들은 글자 그대로 질 없이 태어났지만 대음순과 소음순을 포함한 외부 생식기는 정상적으로 발달한다. 이런 여성은 수술이나 집중적인 치료가 없으면 불임인 경우가 많은데, 사실은 그들도 성적인 쾌락과 오르가슴을 체험한다. 그들에게 비록 질은 없지만 온전히 작동하는 클리토리스가 있기 때문이다.

하지만 잔인하게도 음핵 절제를 당한 여성은 그렇지 못하다. 여성 할례라고도 불리는 이 고통스러운 훼손 행위는 안타깝게도 오늘날까지 일부 문화권에서 실행되고 있다. 이것은 여성을 영구히 불구로 만들고, 정신적 트라우마를 입히고, 클리토리스와 더불어 성적인 즐거움을 누릴 모든 가능성을 박탈하는 매우 몰상식하고 비인간적인 행위다.

이 두 가지 사례에서도 알 수 있듯이 아무리 질과 지스팟 오르가슴이 그 자체로 독립된 오르가슴이라는 생각이 요지부동일지라도 클리토리스는 분명 성적 자극의 동인이자 촉매다. 질이 없어도 클리토리스 오르가슴을 경험할 수 있지만 클리토리스 없이는 질 오르가슴이나 지스팟 오르가슴을 느끼는 것은 사실상 불가능하다.

그러므로 사람들 입에 자주 오르내리는 여성 오르가슴과 관련된 다양한 용어와 유형을 고려하면, '오컴의 면도날'을 채택함으로써 사태를 단순화할 수 있다. "꼭 필요한 것보다 많은 가정을 해서는 안 된다."는 이 원칙은 중세 철학자 오컴의 윌리엄에 의해 고안되었는데, 모든 과학적 모형화 및 이론구축에 근거를 이룬다.

여성 오르가슴처럼 우리에게 주어진 현상의 본질과 관련해 사색할 때는 이 원칙이 요구하는 바에 주목해야 한다. 그 결과 현상 설명에 불필요한 개념, 변수 또는 이론들을 제거해야 한다. 그럼으로써 우리는 모순과 애매함, 그리고 불필요한 중복과 오류의 가능성을 줄일 수 있다.

오르가슴을 이해하기 위해 의미를 둘러싼 쓸데없는 언쟁을 벌일 필요가 전혀 없다. 오르가슴을 구별 짓는 이름을 붙이려고 시간을 허비하기보다는 혀를 이용하여 오르가슴을 만들어 내는 것이 훨씬 더 바람직한 일이다.

혀는 그 무엇보다
강하다

　많은 연구 결과 성행위 중 연인에게 클리토리스에 직접적인 자극을 받은 여성이 지속적으로 오르가슴에 이르기 쉽다는 사실이 밝혀졌다. 그러나 클리토리스의 위치 때문에 섹스 체위 대부분(특히 선교사 스타일 ; 정상 체위)이 클리토리스를 적절히 자극할 수 없다. 쉬어 하이트가 결론지었듯이, 섹스는 남성의 오르가슴에는 효율적이지만 여성의 오르가슴에는 비효율적이다.

　곱고 은은한 수채화 물감으로 풍경화를 그린다고 할 때 부드럽고 유연한 붓을 쓸 것인가, 아니면 다루기 힘든 불편한 롤러를 쓸 것인가? 여성의 오르가슴은 복잡해 종종 포착하기가 쉽지 않다. 많은 남성이 여러 흥분 단계를 거치면서 여성을 적절히 이끌 만큼 페니스를 정확하게 조절하지 못한다. 페니스를 이용한 섹스는 두터운 마커펜으로 서예 글씨를 쓰는 것과 다름

없다.

반면 직접 통제가 가능한 혀는 딱딱하든 부드럽든 효율적이면서 결코 과열되는 일이 없다. 혀를 이용하면 남성은 피로가 쌓이는 것을 걱정할 필요가 없고, 조루 또는 발기부전 때문에 염려하지 않아도 된다. 그저 편안한 마음으로 행위를 즐길 수 있다.

수천 개의 맛봉우리에 둘러싸인 채 막 조직으로 결합된 근육과 신경의 배열인 혀는 우리 몸에 지닌 것 중 가장 다재다능한 섹스 기관이다. 그것은 우리 인체에서 양 끝이 붙어 있지 않은 유일한 근육이다. 우리는 혀로 만질 수 있고, 맛볼 수 있고, 핥을 수 있다. 혀는 우리가 여러 언어를 말할 수 있게 해주는 도구인데, 그 가운데서도 으뜸은 사랑의 언어다.

<hr>

《섹스 : 남성을 위한 가이드》에서 저자들은 다음과 같이 결론짓는다. "잡지 〈남성의 건강〉의 조사에서 드러난 가장 놀라운 사실 중 하나는 오럴섹스가 파트너를 절정에 이르게 하는 가장 좋은 방법이라고 대답한 남성의 숫자였다. 몇 번이고 반복해서 듣는 이야기인데, '오럴섹스야말로 아내를 지속적으로 오르가슴에 오르게 하는 유일한 방법이며, 남성이 멋진 오럴섹스 방법을 알게 되면, 그의 파트너는 매

번 오르가슴을 느낄 것이다.'라는 말을 되풀이해서 들을 수 있었다."

그러나 적당한 도구를 갖는 것은 시작일 뿐 그것의 이용 방법을 아는 게 중요하다. 많은 여성이 남성의 오럴테크닉에 대해 비통해한다. 일관성과 리듬의 결핍, 거칠음, 클리토리스를 향한 미친 듯한 돌진! 스트렁크와 화이트는 《문체의 기본 원칙》에서 이렇게 지적했다. "과장하지 마라. …… 단 하나라도 과장이 있으면 전체를 약하게 한다."

안타깝게도 여성들은 쿤닐링구스를 대하는 남성의 태도에도 불만을 느낀다. 비위가 약해서 주저하고, 지나치게 들이대고, 성급하고, 심지어 너무 격렬하다는 게 이유다. 그리고 많은 남성이 시작한 것을 끝내지 못한다. 남자의 성에 대한 하이트 보고서에서 저자는 남성 대부분이 쿤닐링구스를 즐기지만, 그들 가운데 소수만이 중간에 그만두지 않고 여성으로 하여금 오르가슴에 도달할 때까지 계속한다고 말한다.

대부분의 남성은 쿤닐링구스를 일종의 전희, 즉 생식기 성교라는 본요리 전에 제공되는 전채요리쯤으로 여긴다. 그러나 저술가인 폴라 카멘에 따르면, 성에 관한 지식이 많고 경험이 풍부하면서 진동기를 이용하는 여성들에 대한 연구에서 알아낸 바로는, 대체로 또는 언제나 오르가슴을 촉발하는 가장 흔한 자극 유형은 오럴섹스다.

따라서 아마도 쿤닐링구스의 중요성을 제대로 알고 평가하기 위해서는 '전희'가 아닌 다른 말을 찾아낼 필요가 있다. 더 많은 것을 아우를 만한 포괄적인 범주가 필요한 것이다. 카멘은 1996년 〈마드모아젤Mademoiselle〉의 기사를 인용하면서 저술가인 발레리 프랭클이 전희라는 항목 아래 자주 설명하는, 중요한 비생식기 행위들을 기술하기 위해 쓴 '비삽입 성교outercourse'라는 용어를 사용한다. "90년대 여성들은 어리고 수줍음 많은 처녀들이 아니다. 그들은 성관계 경험이 많고 비삽입 성교가 더 낫다고 생각한다."

어떻게 범주화하든, 쿤닐링구스에 대해서는 여성의 전반적인 성적 반응을 아우르는 완결된 과정으로서 이해할 필요가 있다. 이 책의 2부에서는 쿤닐링구스가 성행위 과정의 중심이 되는 핵심 유희로서 언급될 것이며, 전희는 '성기에 대한 첫번째 키스' 이전의 행위를 가리키게 될 것이다.

본격적인 쿤닐링구스를 하기 위해서는 적절한 테크닉(책을 읽은 후 또는 개인적인 실습을 통해서)을 익혀야 할 필요가 있고, 그런 다음 오랫동안 지속적이고 집중적으로 끈기 있게, 그리고 애정을 갖고 적용해야 한다. 가장 중요한 것은 존중과 나눔, 성적인 친교의 순간에 대한 온전한 참여다.

"해부학적으로 봤을 때 페니스는 여성을 절정에 이르게 하는 것에 관한 한 위치가 매우 잘못 설정되어 있다. 그러므로 남성들은 미성숙한 신경섬유인 페니스보다는 혀를 이용해 여성으로 하여금 오르가슴을 느끼게 하는 방법 터득에 집중하는 편이 나을 것이다."(티스데일)

허튼소리 같지만, 어떤 의미에서 우리는 혀로 오르가슴을 만들어낼 수 있다. 혀가 페니스를 대체할 수 있다는 게 아니라 혀의 움직임을 교묘히 결합하여 성행위를 고양하고 확장할 수 있다는 얘기다.

남성들은 자주 농담삼아 머리가 큰 것과 작은 것 2개를 갖고 있는데, 그 둘이 서로 빈번히 다툰다는 얘기를 하곤 한다. 그렇지만 쿤닐링구스를 하는 동안 전적으로 자신을 내맡긴다면 2개의 머리가 하나가 되어 자신의 성적 흥분이 파트너의 성적 흥분과 함께 어우러지는 상황으로 들어갈 것이다. 바로 그녀와 하나가 될 것이다.

06 신성한 여성의 성性

남성은 물론 여성의 오르가슴이 생식 과정에서 꼭 필요한 것으로 중시되는 세상을 한번 상상해보자. 수정이 이루어지는 순간 남녀 모두 오르가슴을 느끼지 못하면 인간이 번식할 수 없는 세상이다. 이 이상한 세상에서는 남성은 창 휘두르는 솜씨나 턱시도 입은 모습이 아니라 여성을 일관되게 절정에 이르게 하느냐 못하느냐에 따라 짝으로 선택된다. 여성의 쾌락을 자신의 쾌락으로 삼을 수 있는 남성만이 사회적으로 인정받는다. 나머지 남성은 추방되거나 주변으로 밀려난다.

마가렛 앳우드의 소설이나 〈중간지대The Twilight zone〉의 성인등급 연재물에서나 있을 법한 얘기 같지만 사실 18세기 전반에 걸쳐 과학자, 의사, 철학자들은 여성의 오르가슴이 생식의 필수적인 요소라고 믿었다. 나탈리 엔지어의 말대로, 고대

인들 역시 성적 쾌락에 있어 남녀 간에 차이가 없다고 여겼고, 수태를 위해서는 여성 오르가슴이 필요하다고 보았다. 갈레노스는 오르가슴 없이는 여성이 임신할 수 없다고 단언했다.

이러한 유형의 '비과학적 사고'는 수천 년을 거슬러 가부장제 이전의 여성 족장과 여신 숭배의 시대에까지 다다른다. 당시 사회는 여성의 성을 생명의 근원적 힘으로서 존중했고 의상, 향, 시가, 음악, 연회, 포도주를 동원해가며 사원에서 정성스럽게 의식을 치렀다.

우리 사회는 섹스에 대해 전희, 질 삽입, 그리고 남성의 사정으로 이어지는 단선적인 과정으로 규정하는 것을 당연시하는 경향이 있다. 그리고 남성의 오르가슴과 사정은 생식에서의 역할 때문에 섹스에 대한 우리 문화의 규정에서 높은 위치를 차지하고, 남성의 오르가슴은 여성이 성적 흥분 과정에서 어떤 상태에 있는지와 상관없이, 그리고 복합적인 오르가슴이 가능한 여성의 타고난 생물학적 능력과도 무관하게 섹스의 종결을 알린다. 남성의 오르가슴은 그 이전과 이후를 가르는 결정적인 사건이다. 남성의 오르가슴은 필수불가결한 것으로 사회적으로 중시되지만 여성의 오르가슴은 그렇지 않다.

17세기까지도 서구의 과학과 사회는 인간의 해부학적 구조에 관하여 '단성one-sex' 모형의 관점을 유지했다. 남성과 여성 생식기는 유사한 것이고 오르가슴 유발에 있어서도 동일하게 기능했다. 단성의 관점이 지배적이던 시절에는 여성의 쾌락이 언제나 존중되지는 않았지만 가능한 것으로 이해되었다.

레베카 초커의 통찰력 있는 책《클리토리스의 진실The Clitoral Truth》에 따르면, 18세기와 19세기에 걸쳐 서구문명(그리고 여성의 불만족)이 진행되면서 여성의 성은 남성의 성과는 매우 다른, 나약하고 순결하고 열정 없는 것으로 여겨졌다.

초커에 의하면, 해부학자들은 클리토리스를 생식기 또는 비뇨기로 분류하기 시작했다. 의학적 설명도 점점 단순해지면서 클리토리스의 구성 부분들에 이름을 붙이지 않았다. 빅토리아 시대가 되면서 전에는 여성의 성에서 자연스러운 부분으로 여겨졌던 오르가슴이 불필요하고, 부적절하고, 여성의 건강에 해로운 것으로 간주되었다. 그리고 마침내 클리토리스를 별 볼일 없는 것으로 여기는 큰 시가를 물고 있는 정신분석가가 등장했다(때로는 크기와 상관없이 시가는 그저 시가일 뿐이다).

빅토리아 시대의 유명한 의사 윌리엄 액턴은 그의 에세이 첫 단락에서 이렇게 언급했다. "(사회로서는 다행히도) 대다수 여성에게는 어떤 성적 느낌도 대수로운 일이 아니다. 남성에게는 습관적인 것이 여성에게는 단지 예외적인 것이다."

클리토리스에 대한
프로이트의 견해

지그문트 프로이트는 클리토리스를 악마화하고 여성의 성에 대한 정말 터무니없는 관점을 만들어낸 것으로 이름 높다. 그는 클리토리스가 성적 쾌락에 있어 미숙함의 근원이고, 당연히 생식기 성교를 통해서만 도달할 수 있는 더욱 성숙한 질 오르가슴의 발판일 뿐이라는 관념을 퍼뜨렸다. 특히 더 고약한 일은 그가 자신의 이론을 수립할 당시 클리토리스의 해부학적 역할을 매우 분명하게 인식하고 있으면서도 여성의 성에 대한 자신의 생각을 당대의 과학적 지식에 우선하여 조장했다는 점이다.

프로이트는 클리토리스를 무시하고 질을 추켜세우면서 클리토리스 오르가슴을 유아적인 것으로 규정했다. 프로이트에 따르면, 성인 여성은 클리토리스 오르가슴에 대한 욕구를 넘어

설 필요가 있고 삽입 성교에 대한 욕망을 발전시켜야 했다. 결국은 꽂아 넣는 것이 페니스의 역할 아닌가? 여성의 자위행위는 클리토리스에 대한 의존도를 높이는 것으로 비판받고 쿤닐링구스는 금지되었다. 프로이트의 관점에서는 두 가지 방식이 공존할 수 없었다. 어떤 여성이 삽입 성교로 만족할 수 없다면 분명 그녀에게 문제가 있는 것이다.

이에 대해 토마스 로리 박사는 그의 에세이 《클리토리스의 문화심리학The Cultural Psychology of the Clitoris》에서 이렇게 언급했다. "그러한 생각은 1910년에 실험적 증거 하나 없이 프로이트의 머리에 떠올랐고, 아마 다른 어떠한 심리학적 개념보다도 불필요한 우려를 일으켜왔다."

"여성의 성이 성숙해지면서 클리토리스는 전적 또는 부분적으로 민감함과 함께 중요성을 질에 내줘야 할 것이다."

– 프로이트, 《새로운 정신분석 강의》

당시에는 성적 흥분에 이바지하는 민감한 신경말단이 여성 생식기 표면에 분포한다는 사실이 잘 알려져 있었다. 그러므로 프로이트의 견해는 생리학 또는 해부학적 이해에 바탕을 둔 것이 아니라 '삽입과 생식' 모형을 강조하는 인간의 성 개념에 터 잡은 것이었다. 그리하여 여성의 성은 남성의 성에 종속되고 그때부터 여성의 성은 내리막을 걸었다.

"프로이트는 클리토리스의 중심적 역할을 간단히 일축함으로써 의사들과 정신분석가들의 여성 성에 대한 인식 방식에 지대한 영향을 미쳤다. 20세기 전반에 걸쳐 여성의 생식기 구조와 폭발력 있는 작은 분비샘들은 대부분이 증발해버린 것 같았다. 클리토리스에 대한 기억은 점차 희미해졌고 마침내 별 볼일 없는 것이 되고 말았다."(초커)

"해부학적 구조는 운명이다."라고 말한 프로이트 자신에게 클리토리스 같은 예민한 감각이 있었다면 이 강력한 기관이 마침내 그의 요란스러운 시가의 재로부터 부활할 것임을 알았을 것이다. 프로이트에 대해 공평히 말하자면, 그는 생애 말에 접어들면서 여성의 성에 대한 자신의 이해가 불완전함을 인정했다. "여성의 성에 관해 더 알고 싶다면 스스로의 경험을 탐문하거나 시인들에게 의지하거나 아니면 과학이 더 심오하고 정연한 지식을 줄 수 있을 때까지 기다려야 한다."

클리토리스와 자극의 중요성에 대한 오늘날과 같은 이해와 인정은 1950~1970년대 섹스혁명기에 인습에 도전하며 전투를 벌인 열정적인 인물들의 끈질긴 노력에 큰 빛을 지고 있다. 알프레드 킨제이 박사, 마스터스와 존슨, 쉬어 하이트, 베티 돗

슨과 같은 저명한 인물들과, 클리토리스가 강력한 기관 체계라는 관념을 개척한 메리 제인 셔피 박사와 같이 덜 알려지긴 했어도 똑같은 비중의 중요한 인물들이 포함된다.

그러나 지식은 유포되고 실행에 옮겨질 때만 힘이 있다. 남성은 여성 대부분이 자기 몸에 대해 직관적으로 알고 있는 것을 배울 기회, 즉 여성의 몸에 귀기울이고 그것을 느껴볼 시간을 가져야 한다. 또한 섹스는 관능적이고 에로틱한 폭넓은 활동을 수용하는 행위로서 다시 정의되어야 한다. 당연히 생식기 성교가 포함되긴 해도 이에만 국한되어서는 안 된다.

이론과 실천 양면에서, 섹스에 대한 어떠한 정의도 최우선적으로 존중이라는 강력한 요소를 포함하고 있어야 한다. 섹스에 대한 태도를 조사한,《그녀의 길Her Way》의 저자 저널리스트 폴라 카멘은 자신의 책에서 다음과 같이 주장했다. "여성이 오럴섹스를 받는다는 것은 성적 관계에서나 사회적으로나 여성의 힘이 증대되고 있다는 사실을 직접 반영한다. 이 행위는 남성과 여성 모두가 이 힘을 인식하고 존중하는 데 바탕을 두고 있다."

A. 에드워즈와 R.E.L. 마스터스의 《성애 작품의 요람The Cradle of Erotica》에 따르면, 당나라 시절 중국을 통치했던 여제 무후는 섹스와 권력의 불가피한 연관성을 잘 알고 있었다. 그래서 그녀는 포고령을 내려 정부 관리와 귀족들이 쿤닐링구스

를 통해 그녀의 지고함에 경의를 표하게 만들었다. 이것이 농담이 아님은, 아름답고 위엄 있는 여제가 화려하게 장식된 예복을 벌리고 서 있는 상태에서 지체 높은 귀족이나 외교관이 그녀 앞에 무릎을 꿇고 여제의 둔덕에 입술과 혀를 대고 있는 옛 그림을 보면 알 수 있다.

왕과 여왕, 왕명의 시대는 가버렸다. 하지만 수많은 현대 여성에게는 남성으로부터 존경과 사랑을 받고 싶어 하는 여제 무후의 마음이 여전히 남아 있다.

"남편이 오럴섹스를 할 때면 흥분에 도취됩니다. 남편은 나에게 완전히 몰입해 있고, 그의 관심의 중심에는 내가 있죠. 그가 진정으로 나를 사랑한다는 것을, 나의 모든 것을 사랑한다는 것을 단번에 느낄 수 있습니다." (켈리, 32세)

08 은밀한 용어들

사실을 직시하자. 대부분의 남성은 클리토리스 포피 아래 있는 것보다 자동차 보닛 아래 있는 것들을 더 쉽게 구별한다. '생식기 혼동genital confusion'이 일어나는 이유는 클리토리스 망의 구성 부분들이 눈으로는 잘 보이지 않기 때문이다.

남녀 모두의 생식기는 임신 중 동일한 배아조직으로부터 동일한 방식으로 발달하지만, 페니스가 바깥으로 자라는 반면 클리토리스 대부분은 안쪽으로 자란다(흥미롭게도 올리버 웬델 홈즈는 여성 생식기는 그저 남성 생식기의 안과 밖이 뒤바뀐 것이라고 말했다. 말하자면, 남성 생식기란 다름 아니라 여성 생식기의 거울 이미지인 것이다).

질vagina이냐 외음부vulva냐 그것이 문제로다

여성 생식기에서 눈에 보이는 부분을 외음부 또는 흔히 잘

못하여 '질'이라고 부른다. 질은 사실상 '아래쪽에 있는 모든 것'을 기술하는 데 이용하는 용어로 굳어졌지만, 질구로 알려진 질의 입구는 외음부라는 넓은 지역의 일부에 불과할 뿐 자극과 흥분에 관한 한 별로 중요치 않다.

어원상으로 'vagina'는 '칼집'을 뜻하는 라틴 어에서 유래했는데, 페니스와의 관련성 또는 삽입에 의존적인 성질이 부각된다. 넓은 의미에서 생식 과정을 나타낼 수 있지만 분명히 쾌락을 나타내는 것은 아니다.

명칭 속에는 무엇이 있는가? 셰익스피어는 이렇게 말했다. "장미라고 부르는 그것은 다른 이름을 쓰더라도 여전히 같은 향기가 날 것이다." 그러나 과학의 언어는 결코 사랑의 언어가 아니다. '쿤닐링구스' '외음부', 그리고 '질구' 같은 말은 행위의 열기로 가득한 순간에는 마음속에 쉽사리 떠오르지 않는다. 하지만 그것들은 과학적으로 정확하고 묘사로서도 적절하다는 점에서 올바른 말이다. 그리고 올바른 말을 아는 것은 성적 흥분 과정을 명확히 이해하고 궁극적으로 여러분 자신만의 관계에 독특하게 적용할 수 있는 에로틱한 용어를 발전시키는 데에도 강력한 출발점이 된다.

《질의 독백The Vagina Monologues》에 관해 말하면서 작가이자 활동가인 이브 엔슬러는 제목이나 작품 전체에서 '질vagina'만 쓰게 된 그녀의 사고과정을 이렇게 설명했다.

"국부 전체와 각 부분 모두를 제대로 묘사할 만한 더욱 포괄적인 말을 찾아내지 못했기 때문에 나는 '질'을 사용합니다. ……'외음부'도 좋은 말입니다. 좀더 구체적인 표현이지요. 하지만 그 말이 무엇을 포함하고 있는지 우리 대부분은 잘 알지 못한다고 생각합니다."

엔슬러의 말이 맞다. '외음부vulva'는 좀더 구체적이면서도 포괄적인 용어다. 특히 클리토리스의 보이는 부분을 설명할 때는 더욱 그렇다. 질vagina은 생식 과정을 설명할 때에는 적극적으로 쓰이지만 기쁨을 만들어내는 클리토리스에 대해 이야기할 때에는 뒤편으로 물러난다. 여성의 성기를 설명하기 위해 포괄적인 용어인 질을 쓰는 경우에는 여성의 신체 구조에 대한 부정확한 이해를 몰고 온다. 아마도 좀더 포괄적인 표현인 '밑의 거시기down there'보다 더욱 그러할 것이다.

따라서 정확성을 위해서뿐만 아니라 용어에 대한 친숙함을 고려하더라도 '외음부'를 쓰는 것이 바람직하다. 침실에서 사용하는 용어는 각자의 선택에 달렸지만, 이 책은 여러분에게 정확한 지식을 전달하는 데 목적이 있다.

외음부의 외부 명칭

치구
앞 맞교차
클리토리스 몸체 (보이지 않음)
포피
클리토리스 머리
소대 (혀 아랫부분처럼 피부가 주름 모양으로 접혀 있는 부분 – 옮긴이)
요도
질
소음순
대음순
음순 소대
회음
항문

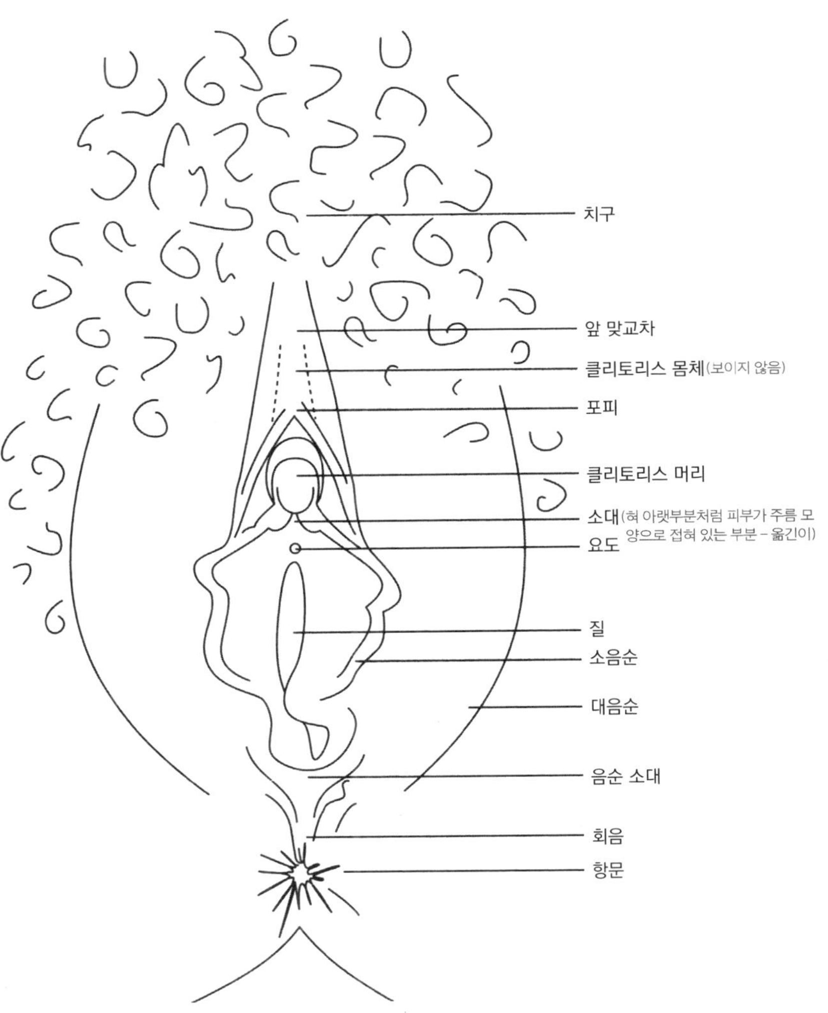

09

여성의 성기 구조 1
: 보이는 부분

외음부와 클리토리스 외부*

클리토리스 망의 가시적인 부분을 살펴보면서 '아래쪽'에는 어떤 것이 있는지 알아보자.

치구(불두덩) : 로마 신화에 나오는 사랑의 신의 이름을 따서 '비너스의 산'이라고도 불리는 치구에서부터 우리의 여정을 시작하자. 치구는 생식기 윗부분의 볼록하게 솟은 부분으로 지방 조직으로 이루어져 있다. 음모로 뒤덮여 있고 치골 위에서 부

---

*여성 성기의 해부학적 구조 및 성적 흥분 과정에 관한 자료는 부족함이 없지만, 이 분야에 대한 새로운 고찰은 페미니스트연합 여성건강센터FFWHC 및 매우 유익한 책《여성의 몸에 관한 새로운 견해A New View of a Woman's Body》의 획기적인 작업에 바탕을 두고 있다. 협회는 다년간의 연구와 재검토를 통해 예전부터 여성의 성적 본성에 관해 진실이라고 여겨졌던 것들 중 많은 것을 다시 정의했다.

드러운 언덕 형상을 이루기 때문에 때로는 '사랑의 언덕'이라
고도 한다.

대음순 : 치구에서 아래로 향하면 대음순이 시작하는 곳과
마주친다. 대음순의 바깥쪽은 바깥 입술이라고도 알려져 있는
데 음모가 풍성한 반면, 그 안쪽은 지방 분비선과 땀샘이 줄지
어 있어 부드럽다. 바깥 입술 피부 아래에는 발기성 조직으로
구성된 네트워크가 있어 흥분하면 충혈된다.

바깥 입술은 남성의 음낭에 비견되는 것으로, 둘 다 동일한
배아조직에서 생겨났다. 바깥 입술은 접촉에 민감하긴 해도 소
음순이나 클리토리스의 다른 부분, 예컨대 머리와 몸체만큼은
아니다.

앞 맞교차 The front commissure : 바깥 입술은 클리토리스가 시작되는 가시적인 부분들을 둘러싸고 있다. 매우 민감한 이 부분, 즉 클리토리스 머리 바로 위쪽을 앞 맞교차라고 한다. 바로 이곳에서 보이지는 않지만 클리토리스의 중요한 부분인 클리토리스 몸체가 돌출된다.

소음순 : 소음순은 대음순 안에 접혀져 있는 작은 입술이다. 하지만 많은 사람이 이 두 가지를 큰 입술, 작은 입술로 부르기보다 바깥 입술, 안쪽 입술이라고 부르는 것이 적절하다고 주장한다. 때로는 안쪽 입술이 튀어나와 바깥 입술을 덮기도 하기 때문이다. 흥미롭게도 안쪽 입술은 고대 그리스의 님프(요정)를 따서 님퍼nymphae라는 옛말로 불리기도 한다. 님프들은 억제할 수 없는 성욕으로 유명했고 '색정증nymphomania'이란 말의 어원을 이룬다.

안쪽 입술은 클리토리스 머리, 요도 및 질구를 감싸고 있다. 대음순의 안쪽과 마찬가지로 이 안쪽의 작은 입술에는 털이 나 있지 않고 작은 돌기처럼 만져지는 지방선이 겹겹이 놓여 있다. 안쪽 입술에는 신경이 밀집해 있어서 아주 민감하고 성적 흥분 과정에서 중요한 역할을 한다.

안쪽 입술은 크기와 모양이 매우 다양하다. 여성마다 다르고 심지어 같은 여성이라도 입술 양쪽이 같지 않은 경우가 많다. 어떤 입술은 좁은 반면 어떤 입술은 넓다. 어떤 입술은 안쪽으로 말려 있고 다른 입술은 바깥쪽으로 퍼져 있다. 어떤 경우에는 미끈하고 부드러우며, 다른 경우에는 주름지고 울퉁불퉁하다. 흥분되면 안쪽 입술이 연한 분홍에서 검붉은색으로 변한다. 그리고 충혈되면 부풀어오르면서 커진다.

포피 : 소음순의 바깥쪽 가장자리는 민감한 클리토리스 머리 위에서 만나 포피라고 하는 유명한 보호덮개(음경 포피에 해당)를 형성한다. 클리토리스 포피가 머리를 접촉할 때 생기는 마찰은 강력한 자극과 쾌락의 원천이다. 포피는 또한 지나친 자극으로부터 머리를 보호한다. 오르가슴에 이르기 직전 머리는 포피 안으로 숨어 들어간다.

소대 : 소음순의 안쪽 가장자리로 클리토리스 머리 아랫부분

과 만나는 지점에 부드럽고 민감한 피부가 펴져 있는 좁은 구역인 소대를 형성한다. 소음순과 마찬가지로 이 부분은 신경섬유가 풍부하고 접촉에 매우 민감하다.

음순 소대 : 음순의 아래쪽 가장자리가 질구 밑에서 만나는 부분이 음순 소대다. 앞 맞교차와 마찬가지로 외음부 아래쪽을 감싸고 있다.

클리토리스 머리(음핵 - 옮긴이) : 소음순의 덮개에 의해 보호되는 클리토리스 머리는 보이지 않는 몸체 위에 얹힌 꽃 중의 꽃이라 할 수 있다. 페니스의 귀두보다 두 배 이상이고, 신체의 어느 부분보다도 많은 대략 8천 개의 신경말단으로 이루어져 있다. 클리토리스의 눈에 보이는 부분으로 종종 '사랑의 단추'라고 불린다. 나쁜 말은 아니지만 그것은 클리토리스의 단 한 부분, 즉 머리에만 해당된다는 것을 잊지 말자.

연인으로서 범할 수 있는 가장 큰 실수 가운데 하나는 머리의 민감성을 과소평가하는 것이다. 사실 성적 흥분의 절정에서 머리는 너무 민감한 나머지 현수 인대(클리토리스의 보이지 않는 부분)의 도움을 조금 받아서 포피 밑으로 숨어들며 절정의 순간에 종종 모습을 감춘다.

남성의 페니스처럼 크기가 매우 다양하다. 그러나 크기와 모양과는 상관없이 클리토리스 머리는 모두 같은 개수의 신경 말단을 지니고 있다. 그러므로 클리토리스의 치수는 여성의 민감함에는 전혀 영향을 미치지 않는다.

클리토리스의 어원과 관련해서는 약간의 논란이 있다. 어떤 사람은 '작은 언덕 또는 경사면'을 뜻하는 그리스 어 'kleitoris'에서 유래했다고 말하고, 또 다른 사람은 '선정적으로 만지거나 자극하다, 쾌락을 추구하다'라는 뜻의 그리스 어 동사 'kleitoriazein'에서 왔다고 주장한다. 또한 그리스 어 'kleitoris'가 원래 '신적인, 그리고 여신 같은'이라는 뜻이었다고 주장한다. 어떤 의미에서는 전부 맞는 말이다.

회음 : 회음은 항문 위, 질구 바로 아래에 위치한 작은 구역의 피부다. 회음 피부 아래에는 흥분하면 혈액이 몰려들면서 매우 민감해지는 혈관과 조직의 망이 존재한다. 킨제이 박사는 회음이 "접촉에 매우 민감하고 그 부분에 촉각 자극을 받으면 상당한 성적 흥분을 일으킨다."는 조사결과를 보고했다. 만일 당신이 클리토리스 연결망을 여행하는 계획을 짠다면 반드시 남쪽의 이 화끈한 장소를 포함시켜야 할 것이다.

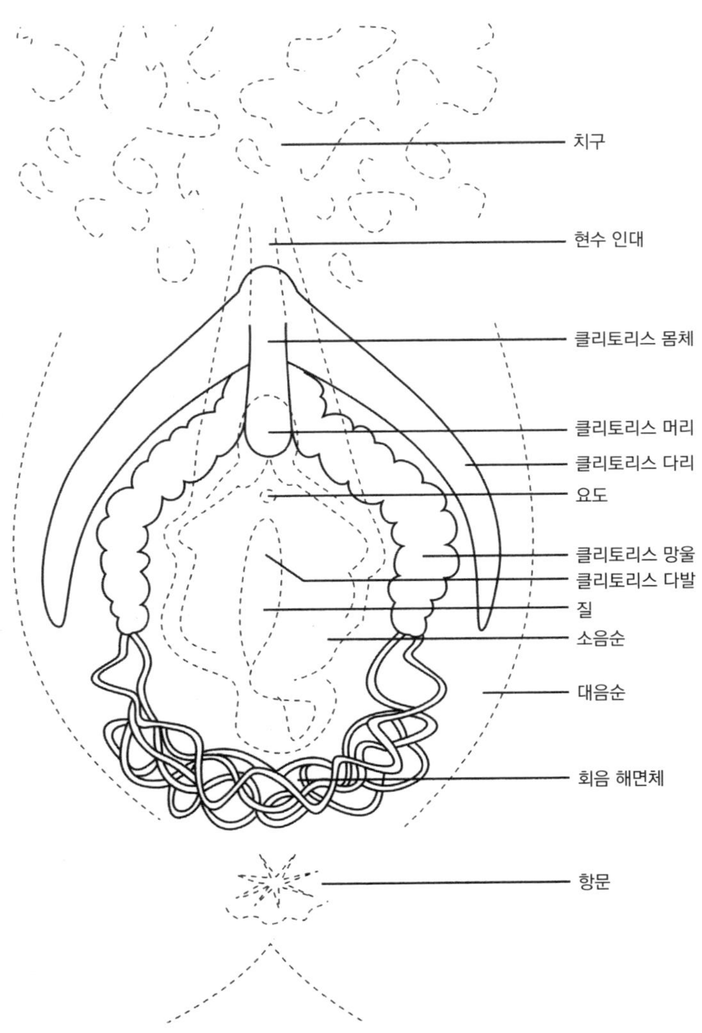
치구
현수 인대
클리토리스 몸체
클리토리스 머리
클리토리스 다리
요도
클리토리스 망울
클리토리스 다발
질
소음순
대음순
회음 해면체
항문

여성의 성기 구조 2
: 보이지 않는 부분

클리토리스 내부

여성의 성기와 클리토리스의 보이지 않는 부분과 관련하여, 우선 보는 것이 믿는 것이다. 여러분은 자신의 감각, 특히 촉각에 의지해야 한다. 페미니스트연합 여성건강센터는 《여성의 몸에 관한 새로운 관점》에서 클리토리스 연결망을 구성하는 18가지 부분을 구별했다. 이들 대부분이 눈에 보이지는 않아도 느낄 수 있고 감각 경험에 기여한다. 이제 클리토리스의 내부를 살펴보자.

클리토리스 몸체는 클리토리스 머리에 붙어 있고 피부 아래로 뻗어 있다. 흥분하면서 충혈되었을 때 쉽게 느낄 수 있다. 부드럽고 작은 파이프 같은 모양으로 자극에 극도로 민감한 발기성 해면조직으로 이루어져 있다. 머리에서부터 치구를 향해 약 2센티 정도 뻗다가 치골처럼 두 갈래로 나뉘어 소음순을 따라 펼쳐지고 클리토리스 망울이라고 알려진 발기성 조직을 감싼다.

흥분의 절정에서 머리가 움츠러들면서 포피 아래로 사라지는 것을 본 적이 있을 텐데 이는 현수 인대(한쪽 끝은 머리에 붙어 있고 다른쪽 끝은 난소에 붙어 있다)가 늘어나면서 머리가 움츠러들기 때문이다.

또한 클리토리스에는 보통 질 근육 또는 골반저 근육이라고 하는 근육층이 있다. 소음순과 클리토리스 망울 사이에 있는 타원형의 구해면체근은 항문을 둘러싼 근육과 연결되어 있다. 항문 자극이 자주 흥분을 일으키기 때문에 클리토리스 연결망에 포함시키는 것이다.

그 아래에는 치골미골근(또는 PC근)이라고 불리는 넓고 편평한 근육층이 있다. PC근을 흔히 케겔근이라고도 하며, 오르가슴 중에 PC근이 수축한다고 주장한 아놀드 케겔 박사의 이름에서 따왔다. 이후 케겔 박사는 골반 근육을 강화하고 파트너의 쾌락을 높이기 위한 일련의 운동인 케겔 운동을 개발했다. 남녀 모두에게서 PC근을 쉽게 식별할 수 있다. PC근은 소변의 흐름을 멈추게도 한다.

11

지스팟G-spot에 대하여

얼룩spot을 자극하는 일에 대해 말해보자. 다름 아닌 지스팟G-spot을 자극하는 것 말이다. 요도구에서 출발하여 방광을 향해 대략 5센티 깊이 안에 요도가 자리 잡고 있다. 요도는 무엇보다도 소변을 배출시킨다. 요도를 둘러싸고 있는 것은 고리 모양의 발기성 해면조직으로, 성적으로 흥분하는 동안 충혈되어서 삽입시 마찰로부터 요도를 보호한다.

이 해면조직으로 이루어진 부위를 가리켜 지스팟이라고 하는데, 1944년 에른스트 그라펜베르크 박사의 이름을 따서 붙여졌다. 그는 '요도 아래 질 벽 앞부분의 표면을 따라서 위치한 성감대'에 관하여 기술했다. 쉽게 말해 킨제이 박사에 따르면, 반응을 느낀 여성은 대부분 어떤 지점에 국한하여 민감한 느낌을 받았는데 대부분의 경우 질구 바로 안쪽에서부터 질 벽 위쪽 부분이었다. 그 모든 과장에도 불구하고 지스팟은 앞서 말했듯이 요도 해면체를 가로지르는 클리토리스의 뿌리에 해당한다.

지스팟은 자극에 민감하긴 해도 클리토리스 머리만큼 많은 신경말단을 가지고 있지는 않아 일반적으로 계속 어루만지는 듯한 압박에 반응한다. 흔히 이곳을 자극하면 여성은 일순간 소변이 나올 듯한 느낌을 받는다.

클리토리스 오르가슴과 지스팟 오르가슴의 차이에 대해서는 많은 논란이 있어왔다. 많은 이들이 완전한 오르가슴을 만들어내는 결정적인 것은 후자라고 주장했다. 이 논란은 1982년 앨리스 칸 라다스, 비버리 위플, 그리고 존 페리 박사의 《지스팟The G-Spot》이 출간되면서 절정에 달했다. 돌이켜보면 그들의 책은 궁극적으로 새로 단장한 허황된 질 오르가슴 이론을 주류학계에 다시 소개했던 것뿐이다. 여성의 사정이 보너스로 추가되었을 뿐이다. 물론 문화적으로도 물의를 일으켰다. 지스팟 개념은 '삽입 성교 담론'과 잘 들어맞았고 삽입의 존재 이유를 새롭게 되살렸다.

앞서 살펴봤듯이, 성숙한 질 오르가슴 대 미성숙한 클리토리스 오르가슴이라는 관념은 프로이트에 의해 유포되고, 그의 추종자들이 긴 세월 지속시켰으며, 다시 지스팟의 형태로 재창조되어 물의를 일으킨 허위 관념이다. 비록 요도 해면체가 질 천장에 붙어 있긴 하지만 그것은 클리토리스 망과 통합되어 있는 부분이지 독립적으로 쾌락을 생성하는 질의 구성 부분이 아니라고 여겨진다.

지스팟 오르가슴은 여성의 다른 오르가슴과 마찬가지로 클리토리스 오르가슴이다. 그것은 전체 쾌락 네트워크의 한 부분일 뿐이다. 그런 만큼 2부에서 테크닉을 다룰 때는 통상적인 성 관련 서적과는 근본적인 단절을 이룰 것이다.

일반적으로 지스팟이라고 부르는 부분을 '클리토리스 다발cluster'이라 지칭할 것이다. 이 명칭이야말로 가장 정확하면서도 여성의 성적 흥분 과정에서의 해부학적 힘과 역할을 분명히 표현해준다.

12 여성도 사정을 할까?

지스팟은 여성의 사정을 일으키는 근원으로도 생각된다. 또 하나의 논쟁 지점이다. 실제로 여성도 사정을 할까? 대답은 '그렇다'이다. 물론 폭발적인 남성의 사정과는 양태가 다르고 '사정의 전도사'들이 우리에게 믿으라고 하는 만큼 자주 하는 것도 아니다. 일반적으로 여성의 사정은 규칙적이라기보다 예외적이다.

오늘날 이 개념을 중심으로 하나의 커다란 산업이 형성되어 막대한 양의 책, 테이프, 비디오, 세미나 등이 여성들로 하여금 잠재적 사정 능력을 발견하고 단련시키도록 부추기고 있다.

그러나 온갖 가짜들이 판 치고 있는 와중에 유념할 만큼 가치 있는 것은 오르가슴 반응이 자율신경계의 일부, 그러니까 우리 의식의 통제 바깥에 있는 비자발적인 반응이라는 사실이다. 돌이킬 수 없는 절정을 경험하는 순간에는 시간이 멈추고 몸에서 이탈한 것 같은 기분을 느낀다. 이는 성적 긴장이 완화될 때 일어나는 고유한 느낌이자 성적 황홀경의 본질에 해당한다. 마인드 컨트롤 훈련을 통해 여성이 소량의 체액을 만들어낼 수는 있지만 질적으로 향상된 오르가슴 체험은 보장해주지 않는다. 아니, 오히려 산만함을 조장할 뿐이니 쉽사리 현혹되지 말아야 한다.

여성의 사정은 어디서 오는 것일까? 그것은 어떤 유형의 방출을 뜻하는지에 따라 다르다. 비의도적인 자연스러운 오르가슴 반사의 일환으로서 이따금 방출되는 체액 유형은 요도구를 둘러싼 해면조직에서 나오는 듯하다. 이 해면조직에는 작은 요도곁샘paraurethral glands이 포함되어 있는데, 이 가운데 가장 큰 2개가 요도구 근처에 자리하고 있다. 일부 연구에서는 이 샘들에서 분비되는 액체가 사실은 소변이라고 주장한다. 그러나 분석결과 이 액체의 구성 성분이 남성의 전립선액과 매우 유사한 알칼리성 액체로 밝혀졌고, 이로부터 여성 전립선의 존재와 관련된 개념이 생겨나 더 큰 논쟁을 일으켰다. 사실 1880년까지도 이 요도곁샘은 그냥 전립선이라고 불렸다. 결론적으로 이러한 유형의 여성 사정은 소변이 아닌 것만은 분명하다.

그러나 골반 근육에 의식적으로 힘을 가할 때 쏟아져 나온다고 알려진 액체는 당연히 방광에서 나오는 것으로 소변이 포함되어 있다. 또한 의식적으로 사정 훈련을 해온 여성이 무의식적으로 체액을 방출하는 여성보다 더 많은 액체를 배출하는 것 같다. 이러한 사실이 소변으로 말미암아 사정량이 전반적으로 많아질 수 있다는 의견에 신뢰를 더해준다.

흥미로운 사실은 의식적으로 사정할 수 있는 여성의 경우 그 과정이 성적 흥분과는 무관하고 반드시 오르가슴의 쾌감을 높이는 것이 아니라는 점이다. 반면 무의식적으로 사정하는 여성은 오르가슴과 사정의 체험을 분리시킬 수 없고, 종종 그들은 사정했다는 것조차 모른다는 사실이 인터뷰를 통해 드러났다.

종합해보면, 사정이 의식적이든 무의식적이든 여성에게 오르가슴의 쾌감을 높여주는 것 같지는 않다. 쾌감을 높이기 위해서라면 차라리 골반저근pelvic floor muscles을 강화하고, 오르가슴에서 수축의 질을 향상시키는 것으로 알려진 케겔 운동(괄약근 운동)에 더 많은 시간을 할애하는 편이 나을 것이다.

여성 생식기의 단면

클리토리스 몸체
현수 인대
치골
클리토리스 망울
클리토리스 다리
방광
요도 해면체
질
자궁
자궁경관
클리토리스 머리
소대
대음순
요도
소음순
클리토리스 다발
질구
회음 해면체
회음
항문
직장
꼬리뼈

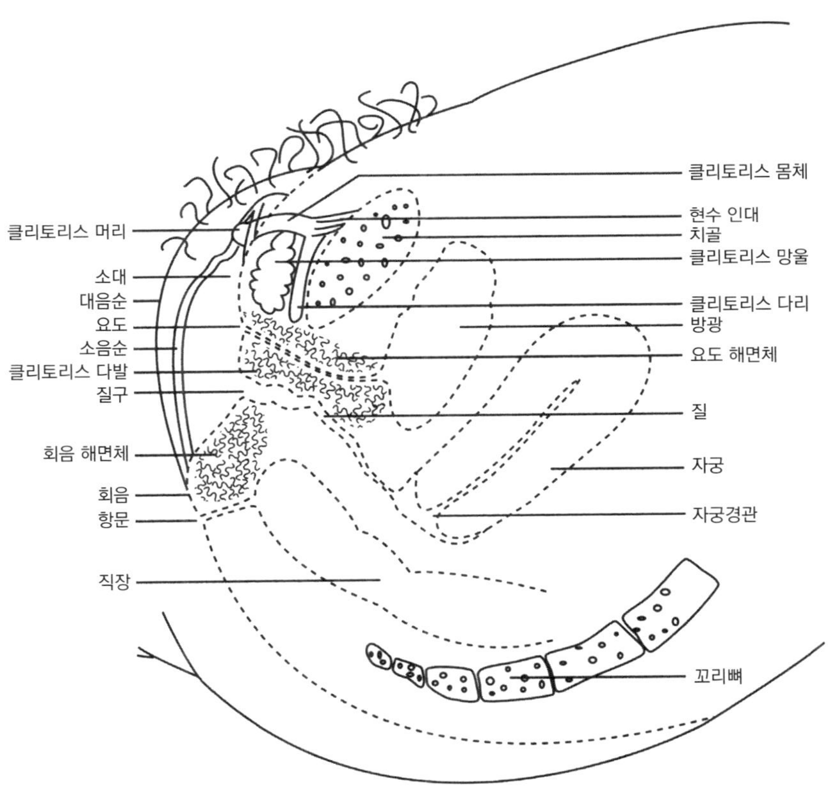

얼마만큼
젖어야 할까?

질은 생식과정에서 꼭 필요한 기관이다. 질은 출생의 경로이고, 정액을 담는 그릇이며, 월경혈이 방출되는 통로다. 그러나 쾌락의 생산을 위해서는 꼭 필요치는 않다.

흥분되지 않았을 때의 질은 압착되어 있는 튜브와 같다. 7~11센티 길이에 근육으로 이루어져 있고, 점액질 막으로 둘러싸여 있는 것이 구강 내부와 다르지 않다.

여성의 질은 흥분되면 깊이와 너비가 몇 센티 정도 늘어나면서 페니스를 받아들일 수 있도록 열린다. 이를 일컬어 마스터스와 존슨은 '풍선balloning' 효과라고 했다. 한편 클리토리스 구조에 피가 몰려들면서 바깥쪽 질 부위가 좁아지고 수축된다. 이런 압축이 '클리토리스 아랫단'을 부풀어오르게 하고 이것이 페니스를 압박하고 마찰하여 남성을 오르가슴에 이르게 한다.

질은 대체로 흥분된 직후부터 젖기 시작하는데, 땀방울같이 생긴 것이 질 벽 위에 두루 만들어진다. 이러한 현상을 가리켜 질의 땀흘림vaginal sweating으로 부르기도 한다. 질구 바로 아래쪽의 외음질선vulvovaginal glands에 연결된 도관에서 분비된 몇 방울의 진한 액체가 질의 땀흘림을 통해 질구가 젖는 것을 돕는다.

전희에 관한 부분에서 자세히 다루겠지만, 질이 젖는 것은 흥분 과정에서 중요하긴 해도 여성이 충분히 흥분되었음을 나타내는 분명한 지표는 결코 아니다. 젖어 있다고 반드시 흥분되어 있는 것이 아니라는 얘기다. 이러한 분비 과정은 질 속에 있어서는 안 되는 박테리아를 없애는 자연스러운 반응이다. 반대로 어떤 여성이 매우 흥분되어 있다고 해서 반드시 젖어 있다고 얘기할 수도 없다.

결론적으로, 여성의 젖는 정도는 다양한 요인에 영향을 받는다. 몇 가지 요인을 들어보면, 에스트로겐 수치, 음식, 스트레스 등이다. 그리고 젖는 것이 흥분 과정과 연계되어 있고 뒤이은 섹스 행위에서 중요한 역할을 하지만 여성이 섹스할 준비가 되어 있는지에 대한 판단은 여러 가지 요인에 달려 있다. 즉 이는 궁극적으로 과학보다는 기술의 측면으로 봐야 한다.

클리토리스 망의 여러 부분을 살펴보았으니 이제 그것들이 성적 반응 과정에서 어떻게 상호 작용하고 결합하는지에 대해 자세히 알아보자. 다시 한 번 우리는 스트렁크와 화이트로부터 힌트를 얻어야겠다.

"무엇인가를 구상하기 전에 그 일의 성격과 범위를 가늠해보자. 그리고 적절하게 설계해놓고 일하자. 맹목적으로 뛰어들어서는 안 된다. ……나무를 보다가 숲을 놓치면 일의 양은 끝도 없이 늘어날 것이다."

클리토리스의 18부분 요약

《클리토리스의 진실》에서 저자 레베카 초커는 페미니스트 연합 여성건강센터의 연구를 토대로 클리토리스의 18부분을 기술한다. 다음은 그 요약이다(목록을 보고 너무 놀라지 마라. 2부에서 중요한 대목을 하나씩 자세히 살펴볼 것이므로 이제 곧 그것들이 여러분의 혀끝에 들러붙을 것이다).

1. 앞 맞교차 : 대음순이 치구 밑부분과 만나는 지점.

2. 클리토리스 머리

3. 소음순

4. 클리토리스 포피

5. 소대 : 소음순의 바깥쪽 가장자리가 머리 바로 아래에
   서 만나는 지점.

6. 음순 소대 : 소음순이 질구 아래에서 만나는 지점.

7. 처녀막 또는 그 잔여물 : 질구 바로 안쪽에 보인다.

8. 클리토리스 몸체 : 머리와 다리를 연결한다.

9. 클리토리스 다리 : 길게 늘어진 발기성 조직체. 차골
   wishbone(닭고기·오리고기 등에서 목과 가슴 사이에 있는 V자형 뼈 – 옮긴이)같
   이 생겼다.

10. 망울 : 한 쌍의 커다란 발기성 해면 조직체.

11. 요도 해면체 또는 지스팟 : 질 천장에 붙어 있다.

12. 요도곁샘 : 사정액을 만드는 여성 전립선.

13. 외음질선 : 질 외부에 소량의 윤활액을 분비한다.

14. 회음 해면체 : 회음부 아래 놓인 조밀한 혈관망.

15. 외음부 신경 또는 성기 신경복합체[*] : 뇌와 클리토리스

---

*라틴 어로 외음부pudendum의 원래 뜻은 '수치의 근원'이다. 그래서 초커는 클리토리스 망의 이 부분에 좀더 긍정적이고 정확한 용어를 사용했다. 이 책의 저자를 포함해 많은 이들이 pudenda(외음부)라는 명칭은 고대 세계에 남겨두어야 할 고대어라고 믿는다.

사이에서 척수를 통해 신호를 전한다.

16. 골반저근

17. 현수 인대 및 원인대

18. 혈관 : 흥분했을 때 골반 부근에 혈액 공급량을 늘려 발
기성 조직을 충혈시켜 부풀게 한다.

14 흥분 과정에도 플롯이 있다

원칙을 확립한 덕분에 바람직한 플롯의 구조를 논의할 수 있게 되었다. 플롯은 가장 중요한 것이다. 2,500년 전 그리스 철학자 아리스토텔레스는 불후의 명저《시학》에서 그리스 비극의 요소들과 오늘날 우리가 서사적 이야기의 본질이라고 이해하고 있는 것의 대부분을 설명했다.

위대한 드라마처럼 흥분 과정에도 구성이 있다. 서사에는 시작, 중간, 끝이 있고 각 요소는 사건의 전반적인 흐름에서 자연스럽게 위치를 점한다. 앞장에서 보았던 클리토리스의 각 부분은 드라마의 배우들처럼 대본의 지시에 따라 상호 작용하며 등장했다가 퇴장한다.

아리스토텔레스는 플롯을 중요하게 여겼다. 연기를 시작하라는 요구에 따라 일련의 사건들이 시간의 흐름에 맞춰 결합되어 유기적인 방식으로 전개된다. 이때 플롯이 혼돈을 배격하고 장면의 흐름을 통제한다. 플롯은 다양한 요소에 질서와 합리성을 부여하고 하나의 유기적 전체로서 짜임새를 갖춰주는 구조다. "시작, 중간, 끝을 가지되 가장 중요한 것은 사건의 구조다. 사건들 가운데 하나라도 바뀌거나 생략되면 전체가 해체되고 훼손될 것이다."

흥분이라는 드라마에서 몸과 마음이 행동을 시작하고 성적 긴장이 무르익으면서 절정에 이르고, 마침내 긴장이 풀려 나간다. 마스터스와 존슨은 이런 과정을 '성적 반응의 순환sexual response cycle'이라 불렀고, 비버리 휘플과 배리 코미사룩은 '오르가슴 과정'이라 불렀다. 이들은 일련의 사건들이 거의 순차적으로 진행됨을 기술하였는데, 각 단계는 이전 단계를 만족스럽게 마무리하면서 이어진다. 마스터스와 존슨은 성적 반응 과정을 흥분, 고조, 절정, 해소라는 네 단계로 나누었다. 지속적이면서 리듬을 타는 자극이 펼쳐지면 각 단계는 지난 단계에 이어 성적 긴장을 만들어내고 해소시킨다.

2부에서는 구체적인 기교에 치중할 예정으로, 성적 반응을 거치는 이 여정을 가리켜 '유희 과정play process'이라고 부를 것이다. 이것은 전희, 핵심 유희, 추가 유희라는 세 단계로 나뉜다. 이를 염두에 두고 성적 반응의 개요로 옮겨가 보자.

여성의 흥분 과정 살펴보기

제1막 – 전희 : 연기의 시작

제1막의 전희에서는 몸과 마음을 일깨워 성적 반응으로 이 끈다.

- 《사랑과 욕망의 연금술The Alchemy of Love and Lust》의 저자인 의학박사 테레사 크렌쇼에 따르면, 수십 가지의 화학물질 과 호르몬이 혈류로 방출되면서 여성은 '몽롱한 기분'에 젖어든다.
- 혈액의 흐름이 골반 부분으로 향한다. 성기 주변의 신경말 단이 흥분되고, 발기성 조직은 충혈되기 시작한다.
- 몸 전체에 걸쳐 피부가 접촉에 아주 민감해진다.
- 가슴이 크게 부풀고, 젖꼭지를 자극하면 옥시토신이 분비

되면서 성기 주변의 쾌감을 증가시킨다.

- 혈관이 질 벽을 압박하면서 외음질선이 소량의 진한 액체를 분비하여 윤활액으로 작용한다.
- 클리토리스 머리가 포피 밖으로 모습을 드러낸다.

제2막 – 핵심 유희 : 긴장과 완화

- 몸 전체의 근육이 긴장된다. 호흡이 가빠지면서 혈압이 상승한다. 심장박동이 빨라진다.
- 질구가 좁아지면서 안쪽이 넓어지며 길이가 최소 5센티 정도 늘어난다.
- 클리토리스(몸체, 다리 및 망울)가 단단해지면서 펼쳐지고 늘어난다.
- 클리토리스 다발의 해면조직이 부풀면서 그 등줄기가 질 천장으로부터 돋아 나오는 것을 분명히 느낄 수 있다.
- 현수 인대가 조여들면서 매우 민감한 머리가 포피 아래로 움츠러들고 오르가슴이 올 때까지 그곳에 머문다.
- 자궁과 소음순 사이에 위치한 원인대가 양끝에서 당겨지면서 성적 반응 및 그 절정에 자궁을 끌어들인다.

핵심 유희의 지속

- 피부가 상기되고 호흡이 깊어진다.
- 심장박동이 격렬해지고, 마지막 절정의 순간에 모든 것이 수축된다.
- 소음순의 색깔이 충혈로 인해 짙어진다.

흥분 과정에서 발기성 조직이 충혈되는데, 그 때문에 클리토리스 머리가 거의 2배로 커진다.

마지막으로 그때까지 쌓여온 근육의 긴장이 오르가슴으로 폭발한다. 일련의 빠르고 리듬을 타는 수축이 진행된다.

- 질 벽과 골반저근이 약 0.8초 간격으로 리드미컬하게 수축한다.
- 직장 안의 괄약근이 갑작스럽게 성기와 보조를 맞춰 수축한다. 옥시토신이 유입되면서 자궁이 수축한다.
- 반복되는 수축이 쾌락의 물결을 가져오고 심지어 어떤 여성은 오르가슴을 느끼는 중에 소량의 투명한 알칼리성 액

체를 분출하기도 한다.

오르가슴 수축의 횟수는 다양해 평균 3~15회 사이로 이루어진다. 마스터스와 존슨에 따르면 한 여성은 43초 동안 25회가 넘는 잇따른 수축을 경험했다고 전했다. 또한 임신한 여성들이 때로는 성기가 오랫동안 충혈된 탓에 오르가슴이 길어진다는 것도 확인했다.

오르가슴은 성기 부근에서 시작되지만 종종 몸 전체에 걸쳐 체험되고 느껴진다. 여성마다 오르가슴은 제각각으로 매우 개별화되어 있다. 섹스 연구자들은 오르가슴 경험의 이런 개별성을 흔히 '오르가슴 지문감식'이라 일컫는다.

오르가슴 수축에 관한 일반적인 어림셈법은 없지만, 대체로 여성은 6~10회, 남성은 4~6회의 수축을 경험한다. 우리는 성적 반응능력에 있어 남성이 여성에게 갈망했던 것보다 무한히 큰 능력이 있다는 마스터스와 존슨의 주장을 한 번 더 실감한다.

제3막 – 추가 유희 : 균형의 회복

오르가슴 이후 해소 국면이 온다. 즉, 흥분 전의 고요함으로 복귀하는 것이다. 이때 남성과 여성의 반응은 무척 다르다. 남성은 빠르게 발기 상태에서 벗어나 불응기로 알려진 상태로 돌입한다. 남성은 이 시기를 거친 후에야 다시 발기할 수 있다.

여성의 성기는 흥분 전 상태로 돌아가는 데 남성보다 더 오랜 시간이 걸린다(적어도 5~10분). 또한 클리토리스 머리를 제외하고는 그다지 민감하지 않고 불응기도 겪지 않는다. 그래서 자극이 조금만 주어져도 여성은 흥분 과정을 완전히 다시 시작할 수 있다.

남성과 여성이 흥분 과정을 경험하는 방식의 차이를 '스너글 갭snuggle gap'(섹스 후에 남녀가 서로 다른 반응을 보이는 것 – 옮긴이)이라 부른다. 즉, 여성은 더 많은 상호 작용을 원하지만 남성은 그냥 드러누워 잠자고 싶어할 뿐이다. 남성의 '둔감함'과 여성의 '결핍'에 대한 많은 조명이 있었는데, 스너글 갭은 주로 생물학적 차이에서 오는 것으로 생각하면 된다(남성은 섹스 후 급격히 추락하지만, 여성은 천천히 내려온다). 그러므로 너무 따지지도 화를 내거나 싸우지도 말아야 한다. 대신 차이를 존중하고 서로 절충할 필요가 있다. 그녀를 팔에 안은 채 잠에 드는 식으로……

이제 간단히 정리해보자. 흥분 과정의 서사 구조는 보편적이지만 각자의 이야기는 저마다 독특하다. 어떻게 전개될지는 전적으로 관련 인물들에게 달려 있다. 이야기가 몇 분 만에 끝나기도 하고 때로는 몇 시간이 걸리기도 한다.《시학》에서 유일한 규칙은 행위가 '중단 없이' 일어나야 하고, 24시간 이내에 일어나야 한다는 것뿐이다.

"아름다운 대상은 살아 있는 유기체든 부분으로 구성된 전체든 부분들이 질서 있게 배열되어야 할 뿐만 아니라 일정한 크기를 가져야 한다." 아리스토텔레스의 말이다.

아름다움은 크기와 질서에 의존하기 때문이다.

냄새와 감수성

쿤닐링구스는 아마 성과 관련된 다른 어떤 표현보다 '좋아, 하지만'이라는 반응을 하도록 만든다.

'좋아' : 남녀 모두 서로 공평하게 주고받으며 즐기는 것처럼 보인다.

'하지만' : 주저함이 없어 보이지는 않는다.

《남성의 성》에 관한 하이트 보고서가 지적했듯이, 남성의 절반이 쿤닐링구스를 즐긴다고 말했어도 청결과 위생이라는 문제에 있어서는 자유롭지 못했다. 그런 우려는 여성 성기의 좋지 않은 냄새와 밀접하게 관련되어 있었다. 물론 이러한 우려에 동조하지 않은 남성도 일부 있었고, 극히 일부 애호가들은 그 맛과 냄새를 좋아한다고 대답했다. 하지만 그렇게 열광하는 사람은 소수에 지나지 않는다.

여성의 카솔렛cassolette(향수상자를 가리키는 프랑스 어. 일상적인 대화에서 여성의 독특한 냄새를 묘사하는 데 사용됨)을 음미하는 나폴레옹의 변함없는 열정과 페로몬의 강력한 발산에 대한 편견 없는 환호에 공감하는 남자는 매우 드물다.

전선에서 파리로 돌아오는 길에 나폴레옹이 조세핀에게,
'씻지 말고 기다릴 것. 가고 있는 중!'

하지만 여성의 '청결함'을 강조하는 미디어 세례를 받거나 '생선' 냄새가 난다는 농담에 질려서, 또는 단순히 자신의 성기에 익숙지 않아서 이러한 우려에 동조하고 자기 몸을 두려움, 수치심, 자기혐오로 대하는 여성들은 어쩌란 말인가? 또한 쿤닐링구스가 최소한의 거리 없이 아주 내밀한 관계를 가져야만 하는 행위이기에 근심을 증폭시키는 문제가 됨은 틀림없다.

위생을 둘러싼 이 모든 혼란에도 불구하고 사실 여성의 성기는 스스로 정화하는 시스템이기에 입을 포함해 신체의 어떤 부위보다 청결하다. 여성이 흥분하지 않았는데도 젖는 한 가지 이유는 질이 분비물을 통해 자연스럽게 박테리아를 제거하기 위해서다.

과학 작가인 나탈리 엔지어가 썼듯이, 질은 그 자체로 생태계다. 찬양받지 못하고 시큼한 냄새가 나도 공생과 활력의 땅이다. 질에 대한 전통적인 견해는 분명히 '그곳은 늪지대처럼 습하다'는 것이다. 그러나 그것보다는 조수웅덩이라는 표현이 더 정확할 것이다. 물기가 있고, 안정된 상태에서 쉴 새 없이 흐르고 있다.

이 생태계의 핵심에는 정교한 공생 과정이 있다. 유익한 박테리아가 질병을 예방하고 물리친다. 여성의 성기가 신선한 요구르트 통만큼이나 깨끗하다는 말이 있다. 이러한 비유는 요구르트에서 발견되는 유산균이라는 박테리아가 여성의 질 분비물에서도 발견되었기 때문에 생겨났다. 사실 공생이 위태로워지면서 해로운 혐기성 박테리아가 우위를 점하면, 감염 예방과 균형 회복을 위해 요구르트를 먹는 것이 종종 도움이 된다.

성기 부근에서 악취가 나면 우선 개인 위생에 주목할 필요가 있다. 남성과 마찬가지로 여성도 그곳에서 땀이 난다. 프랑스 인들이 '타르트-와시tart-wash'라고 부르는 것(겨드랑이와 성기 부근을 재빨리 씻는 것)은 원치 않는 냄새 제거에 얼마간의 효과가 있다. 2부에서는 이러한 행위를 에로틱하게 만들고 위생과 흥분을 통합시키는 방법을 다루게 될 것이다.

그러나 개인 위생에 신경을 썼는데도 좋지 않은 냄새가 가시지 않는다면 일단 의사를 찾아야 한다. 감염되어 세균성 질

염을 앓고 있을 수 있기 때문이다. 이 경우 유산균 결핍이 불균형을 가져와 혐기성 박테리아가 누적될 수 있다. 나탈리 엔지어에 따르면, 이런 경우 생선을 소재로 한 비유가 종종 사용되는데 세균이 만들어내는 트리메틸아민이라는 물질이 하루 지난 생선에 특유한 냄새를 나게 하기 때문이다.

쿤닐링구스 옹호자임을 자처하는 문학가 거트루드 슈타인이 오해했을 수도 있다. 장미가 언제나 장미인 것은 아니다. 어떤 여자들은 태어날 때부터 불균형이어서 질염과 냄새가 날 수 있다. 이런 여성들에게는 요구르트 복용 외에 항생제 치료법이 균형 회복에 유용하다.

여성마다 그녀의 냄새와 맛이 제각각이다. 어떤 이는 다른 이보다 달콤하고 어떤 이는 조금 더 자극적인 반면, 다른 이는 냄새와 맛이 뚜렷이 느껴지지 않고 아무 특징이 없다. 이런 차이가 두드러지게 나타나지 않을 때도 있지만 어떤 경우에는 분명하게 나타난다.

또한 한 여성이라도 냄새와 맛이 언제나 일정한 것은 아닌데, 그것은 여러 가지 요인이 냄새와 맛에 영향을 주기 때문이다. 예를 들면 식생활, 비타민 결핍, 생리 주기(어떤 여성들은 질 분비물에 지방산 사슬이라 불리는 화합물이 들어 있는데 이 때문에 생리 단계에 따라 냄새가 변한다), 감염, 수화작용hydration, 알코올, 약물, 담배 등이 있다. 위험 요인에 노출된 성관계(콘돔을 사용하지 않는 섹스) 또한 그녀의 냄새에 영향을 미치는데, 정액의 알칼리도가 매우 높아서 질 생태계의 pH 수준을 높이기 때문이다.

맛과 냄새, 그리고 위생에 관한 전반적인 근심이 지나쳐 두려움으로까지 나아가는 것을 경계해야 한다. 그런 감정 또한 바이러스성이 아닌데도 전염될 수 있기 때문이다. 건강한 질이 청결한 질임을 유념한다. 걱정 때문에 악순환에 빠지는 일이 없어야 한다. 그 대신 과민한 에너지를 열정으로 변화시키는 게 바람직하다. 그녀만의 카솔렛을 즐기고 음미하라!

<hr>

냄새에 관한 질문

질문 : 대학 4년과 졸업 후까지 5년간 연애하며 서로에게 충실했지만 저와 여자친구는 헤어지기로 결정했어요. 각자 다른 사람을 만나기로 했지요. 헤어지기 전에는 오럴섹스를 하면서 한 번도 그녀의 냄새가 문제된 적이 없었어요. 솔직히 냄새를 느낀 적도 없었고요. 그런데 7개월 후 다시 만났을 때는 완전히 달랐어요. 그녀에게서는 더 자극적인 냄새가 났어요. 나중에는 결국 냄새가 정상으로 돌아왔지만 말이에요. 그런데 무슨 일이었을까요? 혹시 감염되었던 것은 아닐까요?

답변 : 과학 작가인 나탈리 엔지어에 따르면, 여성은 위험요인에 노출된 섹스를 하다가 질염(그녀의 냄새에 영향을 미치는 감염)에 걸릴 수 있습니다. 밝혀진 바로는 정액은 우리 몸의 어떤 체액보다 높은 알칼리성이죠. 위험에 노출된 채 섹스하다가 정액이 들어오면 전반적으로 질의 알칼리도가 높아지면서 이내 해로운 박테리아에게 유리한 환경이 조성됩니다.

대부분은 신체가 적응하여 정상수준이 되는데, 특히 그 남자의 정액에 익숙해져 있을 때, 즉 두 당사자가 서로에게만 충실할 때 그렇습니다. 그러나 여성이 1명 이상의 파트너와 무방비 상태로 섹스하면 면역요인의 영향으로 신체가 빠르게 회복되지 않을 수 있습니다.

그러므로 어떤 의미에서는 냄새가 난잡한 성생활을 드러낸다고 할 수도 있겠지요. 아마도 이런 연유로《카마수트라》에서 음란한 여인에게서는 비린내가 난다고 묘사했을 것입니다.

 17 쿤닐링구스의 역사

미국에서 오럴섹스, 특히 쿤닐링구스의 내력은 매우 깊다. 1920년대 오럴섹스('성기 키스'라고도 알려진)는 결혼한 부부의 잠자리에서나 어울리는 것으로 생각되었고, 부부의 정상적 섹스 행위의 일환이 아니라 대체로 친밀감을 표현하기 위한 특별 보너스와 같은 것으로 여겨졌다. 오럴섹스는 분명히 스스럼없이 가볍게 할 수 있는 행위가 아니라 대개는 부부가 열정적으로 성교를 치르고 나서 하는 것으로 생각되었다(광란의 20년대는 너무 많이 다루어져 이제는 지겨운 20년대처럼 들린다).

1940년대와 1950년대에는 편견이 조금 누그러지기 시작했다. 연구에 따르면 오럴섹스는 더욱 널리 퍼져 특히 여성을 만족시키는 기교로서 더 잘 알려졌다. 그렇더라도 1953년《킨제이 보고서》에서는 아직 처녀인 젊은 여성의 3퍼센트만이 쿤닐링구스를 받아본 적이 있다고 답했다. 그 비율은 기혼여성들 사이에서 상당히 높았다.

1960년대와 1970년대 섹스 혁명 동안 오럴섹스는 결혼 여부와 상관없이 모든 커플이 시도하는 관행으로 진화했다. 오럴섹스는 특히 대학 캠퍼스에서 인기 있었는데, 그 경향은 아마 최근까지 계속되고 있는 것 같다.

《미국의 섹스 : 최종 조사Sex in America: A Definitive Survey》 저자들에 따르면, 대학을 졸업한 여성들이 고등학교를 마치지 못한 여성들에 비해 2배 더 오럴섹스를 주거나 받아본 적이 있고, 교육을 더 많이 받은 여성들이 가장 최근의 성관계에서 오럴섹스를 받은 경우가 2배 더 많았다.

오럴섹스를 받는 남성의 비율이 1960년대 절정에 도달하고 나서 주춤한 상태인 반면, 여성은 20세기 후반기 동안 해마다 비율이 꾸준히 오르며 따라잡아온 것처럼 보인다. 오늘날에는 쿤닐링구스를 흥분 과정의 중요한 부분으로 받아들이는데, 의식이 높아지고 성적으로 자신감 넘치는 여성들이 받은 만큼 줄 것을 주장하고 있다. "남녀의 섹스 각본상 기본적인 변화가 있다면, 그것은 펠라티오와 쿤닐링구스의 실행 빈도가 증가한 것이다." 《미국의 섹스》중에서)

보수에서 자유주의자까지 모든 계층의 여성이 쿤닐링구스를 즐긴다. 《1994 미국의 섹스 조사》(국민건강 및 사회생활 조사에 근거)의 저자들은 당시의 성풍속을 조사하면서 참가자를 전통형, 관계형, 오락형의 세 범주로 그룹화했다.

전통주의자들은 항상 자신의 종교적 믿음이 이끄는 바에 따라 섹스 행위를 했다고 주장했고, 동성애는 잘못된 것이라고 믿고 있었다. 또한 낙태를 규제해야 한다고 믿었고 혼전 섹스, 10대 섹스, 혼외 섹스를 반대했다.

관계주의자들은 섹스를 결혼한 부부 사이에만 국한시킬 필요는 없지만 연인 관계까지만 허용했다. 혼전 섹스를 허용하기는 해도 부정하거나 애정 없는 섹스는 받아들이지 않았다.

마지막으로, 오락형에 속하는 이들은 섹스가 애정과 반드시 연결되어야 한다고 생각지 않았으며, 포르노물의 판매를 법으로 금지하는 데 반대했다.

이 조사에 따르면 1993년 한 해 동안 오락형 태도를 가진 여성의 83.6퍼센트가 오럴섹스를 경험했고, 그 뒤가 관계형 여성으로 73.9퍼센트, 그리고 전통주의적 견해를 가진 여성은 55.9퍼센트로 나타났다.

연령 면에서 비율을 살펴보면, 18~24세 여성의 74.7퍼센트, 30~34세 여성의 73.7퍼센트가 오럴섹스를 받았다. 18~39세 남성과 여성이 쿤닐링구스를 성생활에 포함시킬 가능성이 가장 큰데, 22.3~24.2퍼센트가 가장 최근의 섹스에서 쿤닐링구스를 시도했다고 답했다. 반대로 40~44세의 여성은 그 비율이

12.6퍼센트로 떨어졌다. 그러므로 젊을수록 쿤닐링구스를 경험했을 가능성이 높을 뿐더러 더욱 일찍 경험했을 것이다.

낸시 프라이데이가 1991년 그녀의 책《여성 상위》에서 썼듯이, 여성은 마침내 성년에 이르렀다. 그것을 알았기 때문에 그들은 지금에서 만족하지 않았다.

남성도 마찬가지다. 다행스럽게도 쿤닐링구스가 정상적인 성행위 유형으로 자리 잡은 것은 젊은 여성이 더욱 당당하고 공세적으로 평등한 관계를 요구한 결과이자 남성들 사이에서 일어난 태도 변화를 가늠하는 지표가 되기도 한다. 남성이 여성의 오르가슴을 더욱 중요시하고 여성이 오르가슴을 얻는 데 삽입 성교가 별로 믿을 만하지 않다는 것을 깨달으면서 점점 더 쿤닐링구스를 섹스 테크닉 목록에 포함시키고 있다.

잡지 〈글래머〉가 1997년 특집 '당신의 성생활에 찾아온 희소식'에서 지적했듯이, 대다수 남성은 오럴섹스를 즐긴다고 말한다. 그리고 많은 연구에서 남성이 쿤닐링구스를 매우 기꺼이 하고 있다는 결과를 보고하고 있다.

믿기 어려울 만큼 좋은 소식인가? 그도 그렇긴 하다.

18 안전하게 쿤닐링구스 하기

쿤닐링구스는 가벼운 행위일 수 있다. 그렇다고 그것을 가볍게 다루어도 좋다는 뜻은 아니다. 쿤닐링구스를 반드시 당신의 안전한 섹스 습관의 일부로 만들어야 한다.

새로운 파트너가 생겼으면 터놓고 솔직하게 말해야 한다. 현재 섹스 파트너, 섹스 경험, 위험한 행위들, 성병 유무, 최근의 행위, 그리고 자신의 안전대책 등을 파트너와 논의할 준비를 해두자.

또한 일부 성병은 특별한 증상이 없어 자신도 모르는 사이에 퍼질 수 있다는 점을 유의한다. 순간의 열정에 사로잡힌 자신을 발견했다면, 안전에 소홀한 채로 쿤닐링구스를 하기 전에 한 번 더 생각한다. 가장 사소한 행위조차 위험이 없다고는 할 수 없다.

확신이 서지 않거나 불안하면 위험을 무릅써서는 안 된다. 그럴 만한 가치가 없다. 그래도 오럴섹스에 미련이 있으면 적어도 덴탈 댐dental dam(쿤닐링구스를 할 때 여성 성기에 씌우는 얇은 라텍스 막), 라텍스 장갑, 또는 핑거 코트finger cots(장갑을 낄 수 없는 어떤 작업을 할 때 손가락을 보호하기 위해 손가락에 골무처럼 끼우는 소품) 등 차단막을 이용해 미리 조심한다. 안전한 섹스를 위한 이런 소품은 대부분이 약국이나 성인용품 전문점에서 구입할 수 있다.

준비가 여의치 않을 때는 사란 랩saran wrap(음식물 포장용 랩) 한 장만 있어도 충분하다. 단 전자레인지용은 박테리아를 통과시키기 때문에 사용하면 안 된다.

쿤닐링구스에 대한 예방과 조심에 대한 이야기가 시덥지 않은가? 그래도 얼마든지 안전하면서도 화끈하게 오럴섹스를 할 수 있는 방법이 있다. 나중에 안전한 섹스 도구를 성적 흥분 과정에 끌어들이면서 쾌감을 떨어뜨리지 않는 테크닉과 절차에 관해 알아볼 것이다. 그 첫 번째 단계는 예방을 위해 필요한 것이 무엇인지 알아야 하는 것이고, 다음으로는 사용방법을 이해하는 것이다.

성행위를 할 때 보통 콘돔을 가까운 곳에 두고 파트너 중 한 사람이 꺼내게 마련이다. 콘돔은 일반적으로 널리 이용되지만 덴탈 댐과 안전한 쿤닐링구스를 위한 소품은 그렇지 못하다. 성행위 시 콘돔 사용은 일상적인 절차가 되어 주저 없고 사용하면서도, 덴탈 댐 사용은 종종 의아한 시선이나 안전이라는 관념보다는 위험이라는 부정적인 생각을 떠올리게 하기 쉽다. 아마도 콘돔이 원치 않는 임신과 성병 예방의 두 가지 기능을 수행하는 반면 덴탈 댐은 후자만을 위한 것이기 때문이리라. 간단히 말해 콘돔은 긍정적인 측면(사려 깊음과 안전에 대한 관심)을 떠올리게 하지만 덴탈 댐은 그렇지 않은 듯하다. 몇 년씩 지갑에 덴탈 댐을 지니고 다니면서 사용할 기회를 엿보는 남자도 드물고, 마찬가지로 남자에게 그것을 사용하라고 재촉하는 여자도 거의 없다.

여기서 주의와 예방을 이야기하고 있지만, 우리 몸이 하나로 섞일 때 느끼는 희열감은 그 어느 것으로도 보상받을 수 없다. 남성의 혀가 여성의 성기에 닿으면 수천 개의 신경말단이 서로 만나면서 세포의 뉴런과 수용기가 깨어나 활발히 활동하기 시작한다. 그리고는 심장이 격렬하게 고동치는 가운데 몸과 마음이 녹으며 무아지경으로 나아간다. 이러한 희열은 신뢰하고 헌신하는 관계 속에서만 제대로 경험할 수 있다. 이것에 대해 샐리 티스데일은 이렇게 썼다.

"성적 정열이 깊어지면 파트너의 피부가 보물처럼 느껴진다. 우리 몸의 평범한 분비물은 꿀이요, 만나manna(이스라엘 민족이 40일 동안 광야를 방랑하고 있을 때 여호와가 내려주었다고 하는 양식 – 옮긴이)이자 빛이 된다. 서로의 체액을 나누지 못하는 것은 끔찍한 일이다. 체액은 섞여야 한다. 우리는 이러한 도발적이면서 순수한 뒤섞임을 갈망한다."

안전한 섹스를 추구하기 위해서는 컴포트 박사가 《새로운 성의 즐거움The New Joy of Sex》에서 했던 말을 명심해라.

"두려워할 것도, 섹스의 기쁨으로 손해볼 것도 없다. 그저 미리 조심만 한다면……."

쿤닐링구스주의자 선언

> "각자 능력에 따라 일하고, 각자 필요에 따라서 받는다."
>
> — 공산당 선언

> "당신의 능력만큼 해주고, 그녀가 필요한 만큼 해준다."
>
> — 쿤닐링구스주의자 선언

사람의 마음을 고양시키는 데 말만큼 강력한 것은 없다. 이제 곧 2부에서는 성공하는 오럴테크닉을 구체적으로 살펴볼 것이다. 그러나 그 전에 일종의 선언으로서 자리매김하며 1부를 마무리하자. 그리하여 무엇보다도 다음의 행동을 촉구할 필요가 있다.

- 여성의 흥분 과정을 존중하라.

- 서로의 쾌락을 위해 사정을 늦춰라.

- 클리토리스를 모든 면에서 이해하고 그 진가를 인정하라.

- 모든 성적 반응 과정에서 클리토리스를 적절히 자극하라.

- 성기 삽입을 성적 쾌락의 절정으로 부추기는 인습적인 견해와 결별하라.

- 고정관념, 진부한 생각, 그리고 편견을 떨쳐내라.

- 인내심을 가지고, 존중하고, 세심해지고, 부드러워져라.

- 목표 지향적인 관점에서 벗어나 서로가 만족을 얻는 과정에 집중하라.

- 각각의 행위를 주고받는 과정, 이해하고 배우는 과정으로 생각하라.

- 진지하고, 관대하고, 진심을 다해 자신을 내맡겨라.

말로는 쉽지만 행동하기는 어렵다. 칼 마르크스도 말이 행동이 되기 위해서는 성공을 위한 합당한 조건이 갖춰져야 함을 인식했다. 쿤닐링구스주의자 혁명에서 두려움, 부끄러움, 그리고 무지라는 은밀한 힘을 과소평가해서는 안 된다.

여성은 쿤닐링구스로 말미암아 마음속 깊은 곳에서 갈등을 겪으며 불안해할 수 있다. 그녀가 마음속에 어떤 짐을 지고 있는지 누가 알겠는가? 아무것도 당연하게 생각해서는 안 된다.

쿤닐링구스에는 적나라한 발가벗겨짐이 있다. 여성이 자기 몸을 완전히 내보이고, 냄새 맡게 하고, 맛보게 하고, 관찰하게 하는 것이다. 여성이 스스로도 낯설고 신비하게 여기는 자기 몸을 타인에게 내맡기고 있지 않은가? 상처받기 쉽기에 배려하고 존중해야 한다.

여성은 자신의 성기가 못생기고, 지저분하고, 종잡을 수 없는 분비물 때문에 냄새나고 낯설다고 생각할 수 있다. 여성이 진심이든 짐짓 해보는 소리든 어둠 속에서 사랑을 나누자고 요구할 수도 있다.

쿤닐링구스주의자라면 열정적이고, 확고하고, 결연하게 대처해야 한다. 조금이라도 동요하거나, 진실하지 않거나, 조급해하면 그간의 노력은 한순간 물거품이 되어버린다. 여성은 믿음을 얻을 수 있을 때에만 안심해, 더욱 깊고 본능적인 자아가 모든 어색함을 벗어 던지고 당신의 따끈하고 축축한 혀에 몸을 맡길 것이다.

그 목적을 위해, '쿤닐링구스주의자 선언'에서는 다음과 같은 세 가지를 확약한다.

- 그녀의 아래 품을 향해 내려가면 당신은 흥분한다. 그녀만큼이나 당신도 이것을 즐긴다.
- 서두르지 않는다. 그녀는 전혀 급하지 않다. 당신은 매 순

간을 음미하고 싶어한다.

- 그녀의 냄새는 도발적이고, 맛은 강렬하다. 모두가 동일한 아름다움의 근원으로부터 발산하여 나오는 것이다.

이 세 가지 확약을 몸과 말로써 전하고 몇 번이고 반복한다. 모든 수단을 다해서 그것을 말하고, 보여주고, 구현시킨다. 강인하면서 자상해야 한다. 여성에게 걱정거리나 두려움이 있으면 대화로 해결한다. 근심을 가로질러 앞으로 나아간다. 여성을 리드하며 장애를 돌파하고 좋은 친구들 가운데 하나가 된다.

당신의 작은 혀가 인류에게 큰 희망이 될 것이다.

세상의 쿤닐링구스주의자여, 단결하라! 혁명은 우리에게 달려 있다.

"여기 완벽한 한 편의 시가 있다.

갈망을 일깨워서

북돋워 키우고,

확장하고,

자극하여

마침내 충족시킨다."

발자크

c h a p t e r   0 2

섹스의 테크닉

쿤닐링구스는 핵심 유희다

1부에서 살펴보았듯이 쿤닐링구스는 전통적으로 여성의 오르가슴으로 이끌어가는 성행위로 인정받지 못하고 선택적인 전희로 취급당했다. 오럴섹스(또한 손으로 클리토리스를 자극하는 등의 다른 중요한 행위들 역시)를 전희의 영역으로 격하시키면 다음과 같은 결과를 가져온다.

- 쾌락 지향적인 행위의 중요성을 평가절하하고
- 성적 흥분과 반응의 과정에서 그 행위의 역할을 제한하고
- 성기 삽입이 성행위의 중심으로서 위상이 높아진다.

이렇게 되면 혀와 클리토리스 사이에는 종종 페니스 삽입으로써 메울 수 없는 균열이 생겨난다. 게다가 쿤닐링구스를

전희 단계로 격하시킴으로써 혀가 성적 반응의 초기단계에 투입되는 것이 가장 좋다는 잘못된 인상을 강화할 수 있다. 실제로는 그 반대가 맞는데도 말이다. 클리토리스가 매우 예민해진 상태에서 직접 자극을 줄 때는 점진적으로 다루어야 하며, 그에 앞서 에로틱한 행위를 다양하게 펼치는 것이 좋다.

결론적으로 쿤닐링구스는 전희가 아니라 핵심 유희다. 그에 대한 최선의 접근방식은 다양한 방법으로 꾸준하게 클리토리스를 자극하는 것이다. 성기 삽입과 마찬가지로 에로틱한 사전 행위를 통해 적절한 기회를 마련해야 한다. 그러므로 테크닉에 대해 살펴볼 때, 핵심 유희(혀와 클리토리스의 숭고한 왈츠)에 선행하는 행위를 전희로서 간주할 것이다. 아리스토텔레스의 지적대로, 중간은 시작에서 이어지고 끝보다 앞설 때에만 중간이다.

남성의 성적 반응 과정은 사실상 오르가슴의 폭발로 완결되는 반면, 여성이 절정에 이르고 나서 흥분 전 상태로 돌아가기 위해서는 더 많은 시간이 걸린다는 사실은 익히 알았을 것이다. 바로 추가 유희가 중요한 이유다.

이로써 우리는 유희 과정의 전체 상을 가늠해보았다. 전희, 핵심 유희, 그리고 추가 유희가 전체로서 한 편의 위대한 섹스 드라마를 만들어내는 것이다.

이제 드디어 쇼를 펼쳐 보일 시점이 되었다.

21

전희 과정에 필요한 것들

"시작이 좋지 않으면 끝도 좋지 않다."

– 에우리피데스

"명료함을 희생하여 지름길로 가지 마라."

–《문체의 기본 원칙》

기대 : 강렬한 기대감을 만들어낸다. 사소한 행위들이 큰 효과를 가져온다. 직장으로 걸려온 뜨겁지만 조용한 전화 통화, 저녁식사 중 은밀한 속삭임, 뒷목을 쓸어내리는 손길 등 작은 몸짓으로도 진부한 일상에 활력을 주고 짜릿한 감동을 불러일으킬 수 있다.

피해야 할 것 : 전희 중에는 최소 10~15분 동안 여성 성기와의 직접적인 접촉을 피한다. 대신 여성 신체의 다른 부분을 자극한다. 그리하여 옥시토신이 그녀의 전신으로 퍼지도록 한다. 아껴 두었다가 마지막 순간에 그녀의 성기에 키스하라. 외음부에 하는 키스는 전희에서 핵심 유희로 넘어가는 문턱이다.

깨어 있음 : 성적 반응의 미묘한 차이에 주의를 기울인다. 이때 집중력을 잃으면 행위 과정에서 이탈하므로 절대 집중력을 잃어서는 안 된다. 순간순간이 계속 쌓여서 균열 없는 매끄러운 체험을 낳는 것이다. 아리스토텔레스의 말을 기억하라. "가장 중요한 것은 사건들의 구조다. 사건들 가운데 하나라도 제 위치를 벗어나거나 생략되면 전체가 분해되고 훼손될 것이다."

목욕 : 청결함은 어떤 성적인 만남에서도, 특히 쿤닐링구스에서는 중요한 요소다. 지나치게 까다로운 성기 위생 관념은 남성으로 하여금 쿤닐링구스를 꺼려 하는 첫번째 이유고, 또한 파트너가 싫어하지 않을까 걱정하는 여성에게는 근심의 원천이다. 함께하는 목욕이나 샤워를 전희 과정에 통합시켜라. 걱정을 로맨틱한 이벤트로 변화시키는 것이 포인트다.

수염 : 완전히 다 자란 부드러운 수염이 아니라면 면도할 것

을 고려하라. 자라다 만 수염은 여성의 성기, 허벅지 안쪽, 그리고 다른 민감한 부분을 지나치게 자극한다.

여성의 몸 : 피부는 가장 큰 섹스 기관임을 유념한다. 머리끝에서 발끝까지 우리 몸은 하나의 커다란 성감대다. 특히 여성의 몸이 그러한데, 일반적으로 남성보다 작으면서도 거의 같은 수의 신경이 더 작은 표면적에 분포하기 때문이다. 감각 수용기가 상대적으로 여성의 몸에 더 많이 밀집되어 있는 셈이다. 또한 여성의 피부는 일반적으로 남성보다 얇으면서 털이 적어 감각이 더욱 예민할 수밖에 없다. 일부 섹스 연구자들의 주장에 따르면 어떤 여성은 그저 눈썹을 쓰다듬거나 귓불에 키스하는 것만으로도 오르가슴에 이른다. 볼테르의 말대로, 사랑이란 자연이 제공하고 상상력으로 장식하는 캔버스다.

가슴 : 옥시토신은 가슴과 외음부 사이의 연결을 통해 성적 접촉의 만족을 가능케 하는 생물학적 토대다. 이것은 접촉에 민감해지도록 만드는 화학물질로서 가슴을 자극하면 성기 주위에 방출된다. 많은 연구를 통해 가슴 접촉이 여성보다 남성을 더 흥분시킨다는 사실이 밝혀졌다. 여성의 성적 반응에 관한 킨제이 연구 조사에 응한 8천 명 가운데 겨우 11퍼센트만이 자위행위 중 가슴을 만진다고 한다(84퍼센트가 자신의 클리토리스 또는 소

음순을 만진다고 한 것과 비교된다). 따라서 가슴 접촉을 통한 여성의 쾌락은 상당 부분 남성의 즐거움에서 비롯된다고 볼 수 있다. 여성마다 가슴의 민감함 정도가 다르므로 부드럽게 만져보고 반응을 확인해야 한다. 내가 인터뷰한 여성의 말대로 음미하라, 빨지 말고.

구취 : 위생과 관련하여 절대 잊지 말아야 할 것은 남성의 구강 위생이다. 질보다 입에 더 많은 박테리아가 있기 때문이다. 칫솔질보다는 순한 구강청결제로 잘 씻어주는 것이 낫다. 이를 닦으면 상처를 입거나 부어올라 자칫 성병을 옮기거나 성병에 걸릴 위험이 높아질 수 있기 때문이다. 같은 이유로 성행위 전의 치실 사용 또한 절대 삼간다.

여성의 숨결 : 대부분의 남성이 질의 축축함을 여성의 흥분 정도를 나타내는 믿을 만한 지표로 여기는 경향이 있다. 물론 젖은 정도와 성적 반응 사이에 강한 상관관계가 있는 것은 사실이다. 그러나 여성은 성적 흥분 정도와 상관없는 이유로 젖을 수도 젖지 않을 수도 있다. 반면 자주 간과되는 지표가 여성의 숨결이다. 그녀가 흥분해감에 따라, 그에 상응해 그녀의 숨결이 변하고 복부 근육이 수축하는 것을 확인할 수 있다.

촛불 : 남성과 여성은 불을 켠 채 섹스하는 것에 대해 다른 태도를 보인다. 헤밍웨이의 말대로, 남성은 종종 '깔끔하고 조명이 잘 된 장소'를 좋아한다. 테크닉을 실행하면서 관찰할 수 있기 때문이다. 반면 여성은 어둠 속에서 하는 것을 선호하는 것 같다. 서로 양보해서 촛불을 이용해보자.

의사소통 : 행위의 전 과정을 통해 구두 및 몸의 대화 채널을 열어 놓는다. 자극과 반응의 피드백을 서로 지속적으로 주고받아야 하기 때문이다. 《섹스 : 남성을 위한 지침서》에 따르면 잡지 〈레드북Redbook〉이 기혼 여성 10만 명을 조사한 결과, 섹스와 결혼생활에서의 만족을 나타내는 가장 강력한 지표는 남편에게 성적 감정을 표현할 수 있는 능력인 것으로 나타났다. 더 많은 얘기를 할수록 그들은 자신의 성생활, 결혼생활, 그리고 전반적인 행복도를 높이 평가했다.

어떤 행위를 받을 때 만족스럽고 반대로 만족스럽지 않은지 서로 대화하도록 하자. 서로 많은 대화를 나눌수록 섹스의 즐거움은 배가된다. 그리고 대화 내용은 긍정적이고 건설적이어야 한다. 상대방에 대한 심한 비판은 종종 섹스의 죽음을 뜻하기 때문이다.

환상 : 상상력의 힘은 워낙 강력해서 어떤 여성은 실제로 신

체 접촉 없이 환상만으로도 오르가슴에 이른다. 여러 연구에 따르면 남성과 여성은 서로 다른 환상을 품는다. 일반적으로 여성의 환상은 상황과 서사적인 흐름에 많은 영향을 받는 반면, 남성의 환상은 성적 만남에 따른 구체적인 신체적·시각적 요소에 초점을 맞춘다.

남성과 여성이 공통적으로 갖는 환상의 주제가 있다. 예를 들면 복수의 파트너, 가벼운 결박과 속박, 항문 유희, 불륜 행위, 관음, 공공장소에서의 섹스 등이다.

함께 나누는 환상 :《천일야화》에 나오는 한 장면의 이야기를 가져와 전희에서 구현해본다. 타고난 이야기꾼이 아닌 한 이야기 한 편을 골라 함께 소리내어 읽어보자. 이를 위해 추천할 만한 문학작품으로는 다음과 같은 것이 있다. 제임스 솔터의 에로틱한 명작《스포츠와 유희A Sport and a Pastime》, 아나이스 닌의 단편 모음집《비너스의 델타Delta of Venus》와《작은 새들Little Birds》, 엠마누엘 아산의 에로틱 소설《엠마누엘Emanuelle》과 폴린 레아주의《O 이야기Story of O》, 해럴드 브로드키의 성애 대하소설《순수Innocence》(아마도 글로 쓰인 것 중 가장 뛰어난 쿤닐링구스 과정 묘사), 저지 코신스키의 소설《패션 플레이Passion Play》와《조종석cockpit》, 헨리 밀러의《파리의 지붕 아래서Under the Roofs of Paris》와《클리쉬에서 보낸 조용한 나날들Quiet Days in Clichy》, 익명의

작품《나의 비밀스러운 삶My Secret Life》, 콜레트의《순수함과 더러움The Pure and the Impure》, 낸시 프라이데이의 환상선집《비밀의 정원Secret Garden》(실제 인물들의 환상에 관한 서신들로 가득),《성애 대문집The Mammoth Book of Erotica》에 소개된 이야기들, 또는 수지 브라이트가 편집한 많은 에로틱 문선 등이다.

시적 취향이 있는 사람들이라면 샤를 보들레르의《악의 꽃Les Fleurs du Mal》 또는 기욤 아폴리네르의《막 가는 육체Flesh Unlimited》, 만화책(말하자면 변태적인 것)을 좋아한다면 작가이자 일러스트레이터인 에릭 스탠튼(여성이 주도하는 환상 전문)의 무지 화끈한 작품들도 고려할 만하다.

각자의 환상 : 명심할 것은 소리내어 함께 나눌 수 있는 환상이 있는 반면 혼자서 따로 간직해야 하는 환상도 있다는 점이다. 서로의 사생활을 존중하되, 혼자만의 상상 때문에 여성이 위협을 받아서는 안 된다.

《섹스 : 남성을 위한 지침서》의 저자들에 따르면, 85퍼센트의 남녀가 성교 중 얼마간의 성적 환상을 갖는다고 한다. 저자들이 해럴드 라이텐버그 박사의 연구결과를 인용한 바에 따르면, 섹스 중 환상을 갖는 사람이 섹스 만족도 수준이 높고, 파트너와의 관계에서 섹스 때문에 문제가 발생하는 경우도 덜하다. 환상의 대상이 그 순간 관계를 맺고 있는 사람과 다를지라도 그렇다.

"때로는 내가 실제로 경험한 섹스보다 환상에 관해 말하는 것이 더 어렵다. 내가 하는 섹스 행위는 많은 요인이 작용한 결과물인데, 그 요인 모두가 성적인 동기를 갖는 것은 아니다. 또한 나의 행위에 대한 상상은 순수하다. 그 상상은 전적으로 내 내부의 무의식이라는 토양에서 나온 것이라는 의미에서 그렇다. 환상의 땅은 하고 싶었지만 하지 못한 것들의 땅이다."(티스데일)

환상과 실재 : 환상을 함께 나누는 것과 혼자 하는 것의 차이에 주목해야 한다. 전자는 무해하면서 탐구적인 데 반해, 후자는 관련된 사람들이 논의를 통해 제대로 이해하지 못하면 종종 뜻밖의 결과를 낳을 수 있다. 나아가 침실 밖으로 나오면 더욱 예측할 수 없다. 우리가 일상적으로 되풀이하는 섹스와 환상 속에서 행하는 섹스는 보통 아주 다르다. 과장되고 금기를 깬 행위가 환상의 핵심이다. 환상을 침실에서 가지고 나오기 전에 한 번 더 생각해보라. 그리고 풍성한 내적 삶이 건강하고 행복한 외적 삶에 기여해야 한다는 점을 명심하라. 인터뷰에 응한 한 사람은 이렇게 말했다. "내 환상을 실행하고 싶어도 그건 불가능해요. 그렇게 하려면 타임머신과 우주선이 있어야 할 거예요."

펠라티오 : 당신이 만족한다면 그녀도 큰 기쁨을 느낄 수 있을 것이다. 이렇게 하는 방법으로 여성이 입으로 당신에게 아낌없이 해주는 것만큼 더 나은 것은 없다. 그러나 너무 흥분하지 않도록 한다. 많은 조사결과 남성은 펠라티오를 삽입 성교보다 더는 아니지만 비슷한 정도로 좋아하고, 여성이 남성을 자극해서 오르가슴에 이르게 하는 가장 손쉬운 방법이라는 것이 밝혀졌다.

여성의 오럴섹스에 남성이 무조건 절정에 도달하는 것은 아니다. 컴포트 박사가 《섹스의 새로운 기쁨》에서 밝혔듯이 어떤 남성은 여성이 성기에 살짝 키스만 해도 바로 사정해버린다. 따라서 펠라티오를 좋아해 꼭 받고 싶다면 전희 중에는 '가벼운 간식'처럼 넘기고, 핵심 유희를 거친 다음 긴 시간 동안 해달라고 부탁해보라.

손가락 자극 : 일단 여성이 흥분하면, 즉 당신의 애무를 받아 그녀의 몸이 깨어나고 민감해진 상태라면 손으로 그녀의 외음부를 자극하는 것이 전희 과정 중 가장 중요한 행위가 된다. 충분한 시간을 두고 계획하여 가장 적당한 압력, 동작, 리듬으로 할 수 있도록 대비할 필요가 있다.

이 시점에서 그녀의 체액이 어느 정도 흐르고 있겠지만, 자극하기 바로 직전 손에 윤활액(올바른 선택을 위한 상세한 내용은 윤활액 항목 참조)을 바를 수도 있다. 한 가지, 손톱 깎는 일을 절대 잊어서는 안 된다. 손톱으로 인해 그녀의 성기 주변이 너무 심한 자극을 받기도 하고 크고 작은 상처가 날 수 있기 때문이다. 전문가처럼 손가락 쓰는 방법에 대해 단계적이고 자세한 설명을 원한다면 부록을 참고하라.

음모 : 대부분의 남성이 음모에 대해 많은 관심을 보인다. 어떤 남성은 음모를 좋아하여 질리는 일 없이 탐닉한다. 그들은 그곳에 코를 비비며 여성의 체취를 마음껏 들이마시고 싶어 한다. 어떤 이는 깔끔하게 다듬은 머리 모양을 좋아하고 또 다른 이는 가는 띠 모양의 모호크족 스타일을 좋아한다. 중국인이 '백호'라고 부르는, 매끈하고 털 없는 밋밋한 외음부를 좋아하는 사람도 있다. 어쨌든 음모 스타일의 선택은 여성의 몫이다. 그녀들의 결정을 존중하자. 자기 용모에 신경 쓰고 싶어하지 않는 여성도 있고, 나아가 살짝 다듬는 것을 제외하고는 불편함, 따가움, 심하면 통증까지 느낄 수 있다.

키스하기 : 셸리는 자신의 책에서 "영혼과 영혼이 연인의 입술에서 만난다."라고 말했다. 키스는 두 화학물질이 접촉하는 것과 같다. 반응이 일어나면 두 물질 모두 변화한다. 키스는 영혼의 독특하고도 변화 많은 자기표현이다. 키스는 명랑하거나

은근하고 부드럽게 이루어질 수도 있고, 탐욕스럽고 강압적이며 폭력적으로 될 수 있다. 탄트라(신비스러운 경향을 지닌 고대 힌두교·불교 경전 – 옮긴이)가 가르치는 바에 따르면 윗입술이 여성의 몸에서 가장 민감한 성감대 중 하나라고 한다. 윗입술은 특별한 신경으로 클리토리스와 연결되어 있고 성 에너지가 발산되는 통로이기 때문이다. 사실상 키스로 표현할 수 없는 감정은 없으니 키스는 그 자체로 언어와도 같으며, 쿤닐링구스는 그런 키스를 연장하여 사랑의 행위를 완전하게 만드는 것이다.

언어 : 로버트 프로스트는 "즐거움은 완전히 어떤 것을 말하는 방식에 달려 있다."고 쓴 바 있는데, 성적 유희에 이보다 잘 들어맞는 것은 없다. 잡지 〈남성의 건강Men's Fitness〉이 조사한 바에 따르면, 90퍼센트 이상의 남성이 파트너가 자신에게 상스러운 말을 하는 것이 좋았다고 한다. 당신이 침실에서 조용한 타입이라면, 혀의 긴장을 풀고 당신의 에로틱한 감정을 말로 표현하라.

그러나 말할 때에는 지혜롭게 골라 해야 한다. 이 점과 관련하여 마크 트웨인의 말을 기억하자. "알맞은 말과 거의 알맞은 말의 차이는 번개와 야광충의 차이와 같다." '흥미를 잃게 하는 것'과 '흥분하게 하는 것'의 차이도 마찬가지다. 그러니 전자가 아니라 후자의 효과가 있는 말을 선택하라.

알맞은 말을 찾을 때에는 《문체의 기본 원칙》에서 언급한

"모든 작가는 그들의 언어 사용방식을 통해 자신들의 정신, 습관, 능력 및 편견을 드러낸다."는 말을 기억할 필요가 있다.

란제리 : 찢고, 뜯고, 삽입하기 전에 감상하라. 남성이 속옷을 고를 때의 창의성은 사각팬티와 삼각팬티를 넘기 어려운 반면, 여성은 종종 변화를 주기 위해 상당한 물질적·창의적·금전적 자원을 들인다. 인터뷰에서 한 여성은 "이 남자는 자기가 야만인 코난이라도 되는 줄 아나 봐요. 내 팬티를 이로 물어뜯었어요. 유감스럽게도 그 팬티는 50달러짜리 라펄라란 말이에요!" 하고 말했다.

윤활액 : 오래된 마다가스카르 속담이 있다. "사랑이 안개비처럼 부드럽게 내려 강을 넘치게 하라." 하지만 당신의 파트너가 정상적으로 젖어들지 않거나 아예 젖지 않더라도 당황하지 마라. 《1994 미국의 섹스 조사》에 따르면 20퍼센트의 여성이 성행위를 할 때 체액이 잘 나오지 않는다고 불평했다.

쿤닐링구스의 경우에는 삽입 성교 때만큼 인공 윤활액이 중요하거나 필수적인 것은 아니다. 컴포트 박사가 《섹스의 새로운 기쁨》에서 말했듯이 가장 좋은 윤활액은 침이다. 그리고 침은 대체로 쿤닐링구스를 하는 동안 충분히 공급된다. 그러나 때로는 입이 마를 수 있으므로 수성 윤활액을 마련해두는 것도 나쁘지 않다.

윤활액을 고를 때는 성분을 주의 깊게 읽어보고 유성이나 노녹시놀-9(흔히 살정제로 이용됨) 같은 성분 제품은 피한다. 노녹시놀-9 종류는 냄새도 고약하고 화끈거리거나 감염을 일으킬 수 있기 때문이다. 또한 K-Y 같은 미끈거리고 진한 젤리도 좋지 않다. 가장 좋은 것은 수용성으로서 함유성분이 많지 않은 제품이다. 그중에서도 아스트로글라이드가 가장 많이 애용되는데, 이 제품은 '자연 다음으로'라는 슬로건으로 명성을 얻었다. 선택의 폭이 좁지 않으니 선택하는 즐거움을 누려보는 것도 좋다.

발 마사지 : 발 마사지는 성적 자극형태로서 가장 과소평가되고 거의 행해지지 않는 행위다. 그러나 발 마사지는 잘만 하면 혈류에 엔도르핀을 넘치게 하고 몸 전체에 활력을 준다. 전문 마사지사가 아니라고 걱정할 필요가 전혀 없다. 그저 손으로 계속 발을 만지기만 하면 된다. 두 손으로 한 번에 한 발씩 마사지한다. 발 전체를 마사지하라. 바닥, 엄지발가락 아래, 발목, 발가락 관절을 마사지하고 나서 다른 발을 마저 마사지한다. 가벼운 마음으로 그녀의 발가락에 키스하라. 간지러움을 견디지 못하는 여성도 있겠지만 쾌락의 정점을 경험하는 여성들도 있다.

자위행위 : 섹스 연구가 마스터스와 존슨은 여성의 자위행위를 지켜보면서 여성의 성반응에 관한 많은 정보를 얻었다. 그들의 꾸준한 관찰 과정 중 주목할 만한 것은 여성이 손으로 클리토리스 머리, 몸체와 치구, 대음순과 소음순을 집중적으로 자극한다는 점이다. 클리토리스 머리는 극도로 민감하기 때문에 여성 대부분은 흥분이 절정에 도달했을 때만 그곳을 자극했고, 오르가슴에 이른 다음에는 직접적인 접촉을 피했다. 킨제이 박사는 연구를 통해 95퍼센트의 여성이 삽입 성교보다는 자위행위를 통해 더 자주 절정에 도달한다는 사실을 발견했다. 이런 관찰은 90퍼센트 이상의 여성이 자위행위로 오르가슴을 경험할 수 있었다는 마스터스와 존슨의 연구를 통해서도 확증되었다.

마스터스와 존슨은 여성의 자위행위 방식에서 일관성을 관찰하기도 했지만, 그들은 또한 똑같은 방식으로 자위행위 하는 여성은 없었다고 강조했다.

함께하는 자위행위 : 꼭 여성에게 보여주기 위함이 아니라 한 여성이 자신만의 방식으로 절정에 이르는 것을 관찰하는 기회로 삼을 수 있다. 이는 확실히 연구해볼 만한 가치가 있다. 하지만 기억하자. 자위행위가 흔하고 종종 남녀가 함께하기도 하지만 요즘에도 여전히 금기에 가깝다.《고독한 섹스 : 자위행위의 문화사Solitary Sex : A Cultural History of Masturbation》에서 캘리포

니아 주립 버클리대학교 역사교수인 토마스 라쿼르는 "일반적으로 자위행위는 성에 관한 근대의 담화에서 드물게 등장한다. 입에 올리지 않는 게 최선이고 당황스럽게 하는 면이 있어서 농담으로서만 화제에 오른다."고 썼다.

만일 파트너가 한 번도 당신 앞에서 자위행위를 해본 적이 없다면, 친밀하고 믿음이 가는 환경을 조성해보자. 가장 중요한 점은 당신이 원하고 있음을 그녀에게 알리는 것이다. 그녀의 자위행위를 보면 당신이 흥분된다는 점과, 어떻게 하면 그녀를 더 기쁘게 할 수 있는지 알고 싶다는 생각을 얘기하라. 그녀와 편안하게 함께 자위행위를 할 수 있다면 어떤 장애가 있어도 성생활이 호전되는 것만은 분명하다. 함께하는 자위행위는 성적으로 자극적일 뿐만 아니라, 어떤 이유에서든 성행위를 통해서 오르가슴을 잘 느끼지 못하고 여성 자신이 직접 손을 써야 할 경우 믿을 만한 대안이 될 것이다.

음악: 분위기 고조를 위한 것이지 깨기 위한 것이 아니다. 당신과 파트너의 마음을 달래어 내면 깊숙한 곳의 본능을 일깨워줄 음악을 찾아보라. 음악을 통해 리듬과 보조를 맞추어 서로의 감각을 일치시킬 수 있다. 그러나 잘 선택하면 정말로 감각을 활성화할 수 있지만 잘못 선택하면 감각이 멈춰버린다는 사실을 명심한다. 섹스할 때 라벨의 '볼레로'를 듣기 좋아한다

고 인터뷰에서 밝힌 여성이 있었다. "그 음악은 흥분 과정을 포착하고 자극합니다. 천천히, 반복해서…… 알지 못하는 사이에 내 남자친구가 속도를 늦추고 긴장이 최고조로 쌓일 때까지 기다리게 해요." 또 다른 여성은 "이상하게 들릴지 모르지만 남자친구가 오럴섹스를 해줄 때 고래 음악을 듣는 것이 좋아요. 때로는 내가 암고래인 양 상상하는데 상상 속에서 15미터짜리 성기가 달린 숫고래가 저를 부르고 있어요."라고 말했다.

다중 오르가슴 : 여성은 종종 전희 중에, 특히 충분한 자극이 효과적으로 주어지면 바로 오르가슴에 도달하기도 한다. 모든 여성이 다중 오르가슴을 느낄 수 있는 생물학적 능력을 타고났지만 모두 그것을 경험하는 것은 아니다. 또한 많은 여성이 자신의 그러한 잠재력을 깨닫지 못하고 있다.

여성이 전희 중에 절정에 이른다면 핵심 유희로 넘어가기 전에 잠시 키스와 포옹 같은 좀더 부드러운 방식의 자극으로 바꿔주는 것이 좋다. 예를 들어 손으로 클리토리스를 자극함으로써 오르가슴이 일어났다면 부드러운 방식으로 변화를 주는 것이 특히 중요하다. 여성이 오르가슴에 이른 다음에는 특히 클리토리스 접촉에 민감해지기 때문이다. 그녀의 열기를 식히되, 몸의 다른 부위에 집중함으로써 섹스에 대한 열망을 유지시켜준다. 이렇게 잠깐 숨을 돌린 후 되돌아가 그녀의 외음부를 직접 자극하면서 다음번 오르가슴을 준비할 수 있다.

삽입 : 쿤닐링구스가 핵심 유희라고 한다면 성기 삽입은 일종의 전희로 생각할 수도 있다. 남성이 위, 여성이 아래에 있는 표준적인 정상 체위 때 귀두를 여성의 질구 안에 살짝만 밀어 넣어보라. 정상 체위가 불편하다면 여성의 외음부 앞에 무릎을 꿇거나 앉아 있어보라. 질구 근처에서 꾸물거리고, 서성이고, 이리저리 거닐어라. 엄지손가락으로 클리토리스 머리를 누르고 페니스를 여성의 몸속에 살짝 밀어 넣으면서 손가락 끝으로 부드럽게 좌우로 톡톡 친다. 또는 페니스로 클리토리스를 누르고 그 다음 삽입은 하지 않은 채 소음순 사이로 부드럽게 밀어 넣는다. 남성이 아주 천천히 삽입하는 동안 여성은 케겔 운동(골반 근육 조이기)을 할 수도 있다. 천천히 페니스를 뺄 때 여성의 골반 근육이 조여드는 것을 주의 깊게 느껴보라.

스타일 : 과시하지 않는다.《문체의 기본 원칙》에도 나오듯이 초보자는 문체에 신중하게 접근해야 한다. 문체가 자신을 표현하는 것임을 깨달고 특히 문체를 향상시키는 것으로 잘못 믿고 있는 모든 겉치레, 즉 틀에 박힌 표현, 얄은 기교, 불필요한 수사 등을 단호히 피해야 한다. 솔직함, 단순함, 질서정연함, 성실함 등이 문체에 접근하면서 취해야 할 자세다. 전문가들에

게도 마찬가지로 적용되는 이야기다.

결박 : 묶는 행위는 많은 사람이 가진 환상인 바, 성행위 중에 연인을 꼼짝 못하게 하기 때문이다. 다른 환상과는 달리 쉽게 실행할 수 있으며 에로틱한 측면에서도 효과 만점이다. 묶는 것은 안전하게만 접근하면 가벼운 마음으로 즐길 만한 행위다. 재미도 있고 아무런 가책 없이 지배하는 역할을 연출하고 공격적인 성적 성향을 건강하게 표현할 수 있는 방법이기도 하다.

여성 또한 묶이지 않았을 때보다 강하게 근육을 수축할 수 있어 더욱 큰 자극을 받는다. 나아가 여성은 쾌락에 굴복하여 평소에는 어색하고 부끄러워 도저히 할 수 없는 행위까지도 실행함으로써 더욱 흥분하게 된다. 여성이 당신의 행동에 굴복함으로써 남성은 여유를 가지고 배려할 수 있다. 속박으로부터 창의성이 발휘되는 것이다. 하지만 이 주제에 관해 익숙지 않다면 조심해야 하는데, 본격적인 실행에 앞서 부록의 조언을 숙지하기 바란다.

시간 : 많은 시간을 갖도록 하라. 오비드의 말대로 사랑의 절정은 서둘러 얻을 수 없다. 그것은 천천히 북돋아지고 언제나 꾸물거리기 때문이다.

핵심 유희의 6단계

"적절한 장소에 적절한 말의 배치가 문체의 진정한 정의다."

- 조나단 스위프트

유희 과정은 시작부터 끝까지 중단 없이 매끄럽게 진행되는 게 중요하다. 하지만 이해를 위해 과정을 6단계로 구별한다. 그러면 성적 긴장이 쌓이다가 여성의 오르가슴으로 귀결되면서 긴장이 해소되는, 실질적인 핵심 유희를 조명하는 데 도움이 될 것이다.

따라서 핵심 유희를 쉽게 이해하기 위해 6개의 독특한 단계로 나누어 논의할 것이다.

- 1단계 : 처음으로 클리토리스에 키스함으로써 전희에서 핵

심 유희로 전환한다.

- 2단계 : 리듬이 생겨나고 클리토리스가 지속적인 혀의 놀림에 익숙해진다.
- 3단계 : 더 많은 에너지가 클리토리스 머리에 집중되면서 긴장이 쌓여가고, 또한 손을 이용한 자극이 도입된다.
- 4단계 : 성적 반응 과정에 깊이 몰두하는 가운데, 클리토리스 머리와 함께 질 안의 '클리토리스 다발'이 자극을 받으면서 여성의 성적 흥분이 고조된다.
- 5단계 : 오르가슴 접근 상태. 최적의 리듬과 압력을 통해 여성이 오르가슴에 접근한다.
- 6단계 : 오르가슴. 여성의 골반 근육이 최대한 많이 수축하고 극한의 절정에 완전히 도달하도록 돕는다.

간단히 정리하면, 이 과정은 첫 키스, 리듬 타기, 긴장 고조, 행위의 심화, 오르가슴 접근 단계, 오르가슴, 이 단계가 연속적으로 펼쳐지는 것이다.

이제 핵심 유희의 6단계를 상세히 논의하기 위해 여성의 성적 흥분 과정에서 제기되는 관련 주제를 탐구하고, 행위의 원활한 지속을 위한 테크닉을 하나하나 살펴볼 것이다. 그러나 무엇보다 중요한 일은 실행 전 올바른 자세부터 갖추어야 한다는 사실이다.

23 올바른 자세잡기

여성의 아랫부분으로 내려가기 전에 자세를 바로 잡아야만 최대한의 효과를 기대할 수 있다. 자세의 좋고 나쁨이 종종 성공과 실패를 가르기 때문이다.

포르노 영화에서는 어떤 자세든 괜찮다는 인상을 주어왔다. 벽에 기댄 자세, 테이블 위에서 하는 자세, 침대에 걸친 자세, 서까래에 매달린 자세 등 거칠어 보일수록 더 좋다. 〈한나는 자기 자매와 한다Hannah Does Her Sisters〉 또는 〈티티 티티 뱅 뱅Titty Titty Bang Bang〉 같은 작품처럼 포르노 업계가 일반적으로 사실주의 영화의 높은 미학을 피한다는 것은 놀랄 만한 사실이 아니다.

무엇보다도, 능숙한 쿤닐링구스란 행하는 사람이 시간이 흘러도 편안하면서도 지속적이고 리드미컬한 압박을 가할 수 있는 자세에서 비롯된다. 그러는 동안 받는 사람은 야릇한 흥분 속으로 빨려 들어가는 것이다. 놀랄 것도 없는 사실이지만 남성이 더 자주 쿤닐링구스를 하지 않는 이유 가운데 하나가 육체적인 부담 때문이다. 간단히 말해 자세가 나빠서 고통스러운 것이다. 만일 쿤닐링구스를 대하는 태도가 '고통 없이 얻을 수 없다'라는 것이라면, 그 마음 가상하지만 전혀 불필요한 것이다.

잘못된 자세

몇 가지 자세는 장시간의 클리토리스 자극보다 포르노 영화에나 어울릴 법한데도 잘못 퍼져나가 주류로 자리 잡았다. 그런 자세는 잘하면 한 편의 쿤닐링구스에서 생동감을 위한 변화 주기가 되기도 하지만 자칫 전체 행위 경험을 망가뜨릴 수 있다. 이런 자세의 대표적인 것이 식스나인(69자세 - 옮긴이), 얼굴 위에 앉히기, 벽에 기대기 등이다.

식스나인

세 가지 자세 가운데 남녀가 동시에 서로에게 서비스해줄 수 있는 식스나인이 가장 널리 퍼져 있고, 또한 가장 문제를 많이 일으키는 것이기도 하다.

- 식스나인 자세에서는 엉뚱한 지점에서 자극을 가하려고 시도하게 된다. 외음부를 자극할 때는 아래쪽에서 위쪽을 향해야 하는데, 이 자세에서는 위쪽에서 아래쪽으로 내려올 수밖에 없다. 남녀 어느 쪽이 위에 있든 손이 거의 이용되지 못해 혀만으로 클리토리스의 주요 부분을 편안히 자극하기란 어려울 것이다. 작가이자 섹스 칼럼니스트인 앙카 라다코비치는 이 자세에 관해 이렇게 썼다. "리듬에 맞추어 입을 구멍과 돌출부에 맞추기의 해법을 찾기란 네이키드 트위스터 게임(넓은 판 위에서 열 지어 그려진 원 위에 손과 발을 모두 디디며 자세를 취하는 게임. 자세를 유지하기가 매우 어렵다 – 옮긴이)을 하는 것과 같다."

- 오럴섹스를 해주는 동시에 받게 되면 자유롭게 균형을 맞춰가며 클리토리스를 자극하기가 매우 어렵다. 그래서 한 순간 격정에 사로잡혀 통제력을 잃어버릴 수도 있다.

- 이 자세는 편안하게 장시간 지속될 수 없고, 여성이 완전히 긴장을 푼 상태에서 야릇한 흥분에 집중할 수도 없다. 사실 오럴섹스에 관한 한 최선은 파트너가 자극을 줄 때 상대는 받기만 하는 것이다. 이래야만 두 사람 모두 가장 온전하게 행위 과정을 즐길 수 있다.

결론적으로, 식스나인은 참신한 행위임은 분명하다. 식스나인은 자극적인 자세이고 여성이 남성을 기쁘게 하는 즐거움을

누리는 강력한 방법이라는 것은 맞다. 그러나 그러한 즐거움은
핵심 유희에서가 아니라 전희 중에 누리는 것이 바람직하다는
얘기다.

　전희 중에 식스나인을 할 때는 할 수 있는 혀 놀림을 완전
히 소비하지 말아야 한다. 핵심 유희 단계에서 쓰기 위해 아껴
두어야 한다. 여성이 외음부 위의 첫 키스로 숨이 멎는 듯한 기
분을 느끼게 해야 한다. 그런 기대감이 약해지도록 만들지 마
라. 클리토리스보다는 그녀의 외음부 주위에 키스하도록 하라.
혀가 아닌 입술을 이용해 조금씩 물어뜯듯이 키스해라. 하지만
클리토리스 머리는 피해야 한다. 그녀가 더 큰 흥분으로 가는
과정에서 애를 태우듯 식스나인 자세의 효과를 증폭시켜라.

얼굴 위에 앉히기|Sit on My Face, SOMF

솜프SOMF에 관해서도 식스나인과 같은 평가를 할 수 있다.
이 자세는 식스나인보다는 여성 외음부에 더 잘 접근할 수 있
지만 손가락 이용에는 크게 방해된다. 이 때문에 별로 득 될 게
없는 자세다. 여성이 남성의 얼굴 위에 앉으면(실제로는 얼굴 주위에 무
릎을 꿇는 것) 상체를 바로 세워야 하기 때문에 등과 다리에 지나친
긴장이 쌓인다. 이런 자세로는 여성이 흥분으로 깊이 나아가기
가 어렵다. 하지만 여성으로 하여금 지배하고 있다는 기분이
들게 함으로써 성적 자극이 커질 수도 있다. 재미삼아 조금 해

보는 것은 괜찮을 것 같다.

벽에 기대기

여성이 벽에 기대어 서고 남성은 그 앞에 무릎을 꿇고 앉는 자세다. 이 자세로 여성이 오르가슴에 이를 가능성은 희박하지만, 벽이 지지해주는 상태이기에 어느 정도까지는 여성을 흥분으로 이끌어가는 것이 쉬울 수 있다. 벽에 기대는 자세에는 '재빨리 해치우는' 섹스가 불러일으키는 거친 욕망이 스며 있긴 해도 남성이 사정은 하지 않는다(반면 이 자세에서 남성이 삽입하면 더 쉽게 사정한다).

지금까지 살펴본 세 가지 자세(식스나인, 솜프, 벽에 기대기)는 에로틱한 자극을 주고 종종 순간의 격정을 높여준다는 점에서 유용하다. 사실 조금만 상상력을 발휘하면 고안해볼 만한 창의적인 자세는 무궁무진하다. 실제로 내가 우연히 알게 된 어느 책에서는 여성이 물구나무를 서서 다리로 남성의 목을 감싼 자세에서 여성에게 오럴섹스를 해보라고 추천한다. 전희 중에 여성의 성적 흥분 과정을 가속시켜 핵심 유희로 이끌어가기 위해 이러한 자세를 이용하는 것은 좋다. 그러나 오해 말아야 할 것은 이러한 자세로는 클리토리스를 제대로 자극하여 절정으로 이끌고 갈 수 없다는 사실이다.

올바른 자세

여성의 몸

- 여성이 등을 바닥에 대고 눕는다. 다리를 편안하게 벌리되 너무 많이 벌리지 말고(15~20센티가 적당) 무릎을 약간 굽힌다. 대체로 양쪽 다리가 멀리 떨어지지 않고 가까이 있어야 골반 근육을 자유롭게 움직일 수 있다. 여성이 편안하게 모든 긴장을 풀고 있어야 한다. 즉, 육체적으로나 정신적으로 방해받지 않고 자신이 누리는 즐거움에 집중할 수 있어야 한다.
- 여성의 등에 주의하라. 여성이 흥분하면서 등이 활처럼 휘어 올라오고 고개를 뒤로 젖힌 채 가슴과 목을 앞으로 내미는 모습은 흔히 포르노에서나 볼 수 있다. 유명한 성연구가 빌헬름 라이히가 '발작적 휘어짐hysterical arch'이라고 부른 이런 자세는 성적으로 자극적이다. 그러나 매우 부자연스러울 뿐 아니라 골반 부근으로 가는 혈액의 흐름을 차단하고 호흡을 방해하면서 성적 반응 과정을 저해한다.

  여성이 편안한 자세로 흥분하면 등은 휘어짐 없이 평평한 상태가 되고 그에 따라 성기는 아래로 향하는 것이 아니라 남성의 입 쪽으로 살며시 솟아오른다. 간단히 말해 포르노 모습과는 정반대다. 여성의 자연스럽고 편안한 자세를 돕기 위해 목과 어깨 아래에 한두 개의 베개를 살짝 밀어 넣어주는 센스를 발휘하라.

- 여성의 엉덩이 아래에 베개를 받치면 골반 근처의 혈액 흐름에 도움이 되고 성기 접근이 쉬워진다. 입술을 갖다 대기가 더 수월하고 남성의 목이 압박을 덜 받는다.

남성의 몸

- 남성에게 중요한 것은 편안하게 몸을 뻗을 수 있을 만큼의 충분한 공간 확보다. 어쩌면 여성을 침대 머리맡까지 밀어내야 할지도 모른다. 두 사람 모두 바닥에 있다면(바닥 또한 탄탄하고 평평한 표면을 제공한다는 점에서 쿤닐링구스에 훌륭한 장소이다) 반드시 여성 밑에 부드러운 양탄자나 플러시 천으로 만든 이불과 같은 완충물을 놓아둔다.
- 팔뚝 아래에 얇은 베개나 쿠션을 놓고 손이 여성의 외음부에 최대한 편안히, 그리고 가까이 다가갈 수 있도록 한다.
- 남성의 위치가 여성의 질과 일직선을 이루게 한다. 여성의 다리가 조금 벌어진 것 말고는 두 사람의 몸은 직선으로 어우러져야 한다.
- 완전히 자유로운 상태에서 여러 가지 동작을 할 수 있는 자세여야 한다. 오랜 시간 핥을 수 있어야 하고, 여성의 엉덩

이 밑으로 손을 밀어 넣고, 다리를 들어 올려 이리저리 움직일 수 있어야 하고, 손을 여성의 배 위에 올려놓을 수 있어야 하고, 여성의 몸을 이쪽저쪽으로 돌릴 수 있어야 한다.

어떠한 성기능 장애, 즉 조루증 또는 발기부전으로 곤란을 겪는 중이라면 부록에서 자신의 약점을 강점으로 바꾸게 해줄 특별한 체위를 찾아본다.

남성의 머리

- 쿤닐링구스가 아무런 이유 없이 '머리 내주기'라고 불리는 것은 아니다. 쿤닐링구스는 단순히 혀를 놀리는 것이 아니라 그 이상의 행위다. 여성의 다리 사이에 얼굴 전체를 묻어야 한다. 코는 가볍게 여성의 둔덕에 묻혀야 하고, 윗입술과 코 밑이 여성의 치골 앞부분에 확실히 닿아야 한다. 윗입술과 잇몸으로 여성의 앞 맞교차(클리토리스 위로 대음순이 만나는 곳)를 가볍게 누를 수 있어야 한다.
- 혀는 여성의 질구에 쉽게 닿아야 하며 위 끝에서 아래 끝까지 전체 범위를 덮을 수 있어야 한다. 이 자세를 취하면 혀

표준자세

머리 자세

가 자유자재로 움직일 수 있다. 한동안 격렬하게 핥을 수 있고, 계속 날렵하게 톡톡 건드릴 수 있으며, 곧게 편 상태에서 혀끝으로 누를 수도 있다.

- 여성의 외음부 전체를 완전히 장악하고 그곳에 푹 빠져야 한다. 얼굴, 입, 코, 잇몸, 치아, 그리고 혀를 어떤 식으로든 이용해야 한다. 만일 영화 제작자가 이 현장을 찍는다면 움직임이 없는 남성의 뒤통수 말고는 보이는 것이 거의 없다. 분명히 혀 놀림조차 거의 보이지 않을 것이다.

종합해보기

완전히 편안하고 방해 요소 없이 접근하는 것으로 만족해서는 안 된다. 여성으로 하여금 편안하게 자신의 몸을 내려다보면서 파트너의 행위를 지켜볼 수 있고, 남성은 행위의 흐름을 중단하지 않으면서 여성과 눈을 마주칠 수 있어야 올바른 자세다.

쿤닐링구스의 자세와 관련해 명심할 것은 형식은 기능을 따른다는 사실이다. 그녀에게 쾌락을 선사하는 일에 마음을 쏟으면, 몸은 자연스럽게 자신의 의도를 따를 것이다.

복습하기

이제까지 올바른 자세의 중요성에 대해 살펴보았다. 다시 말하지만 편안하고 긴장이 풀린 상태를 유지하는 것이 무엇보다 우선이다. 손과 손가락을 이용하지 못하고, 여성 골반의 혈액 흐름을 차단하거나 또는 성적 흥분 과정을 방해하는 색다른 자세는 피한다. 남성이 주는 자와 받는 자로서의 역할 모두를 적절히 수행할 수 있는 자세를 찾아야 한다.

24 클리토리스의 열 가지 핫스팟

본격적으로 핵심 유희로 나아가기에 앞서 클리토리스 회로 망의 구성 부분들, 그리고 거기에 가장 잘 맞는 자극 방법에 대하여 간략히 복습해보자(1부에서 제시한 클리토리스 망 그림을 다시 보면서 시각적 지침으로 삼을 수 있는 좋은 기회다).

클리토리스 구성 부분이 너무 많다고 질려 해서는 안 된다. 처음에는 너무 많아 보여도 조금만 노력하면 충분히 여러분의 것으로 만들 수 있다. 여러 가지 테크닉을 거쳐감에 따라 '흥분의 지리학'이 제2의 본성이 될 것이고, 곧 앞 맞교차와 소대를 구별할 수 있을 것이다. 자신감을 가져라. 클리토리스 회로망 위에 무엇이 있는지만 알아도 당신은 이미 앞서 가고 있는 것이다.

1. **클리토리스 머리**(눈에 보임) : 귀두 또는 왕관으로 알려져 있고, 일상적인 말로는 단추, 보석 등으로 불린다. 8천 개가 넘는 신경말단이 오직 쾌락에만 쓸모 있다니 '작은 꾸러미 속에 담긴 거물'이란 말을 실감할 수 있다. 머리는 자극에 매우 민감해서 절정의 순간에 포피의 보호를 받는다. 머리와 보호 포피는 여성이 일단 흥분 과정에 들어오면 강한 압박 외에 부드럽고 리듬감 있는 혀 놀림에도 흥분한다.

2. **클리토리스 다발**(보이지 않음) : 일반적으로 지스팟을 포함시키지만, 민감한 곳 전부를 스팟(점)으로 부르는 것은 적절치 않다. 질 천장(질구에서 시작하여 산도에 이르는 대략 5센티 정도 되는 부분)에 자리 잡은 이 부분은 해면조직으로 이루어져 있으며 요도를 둘러싸고 있다. 손가락 끝으로 마사지하듯이 강하게 누르면 쉽게 흥분한다. 정확한 지점을 찾으려고 하기보다는 그 부근에 자극을 주는 게 낫다.

3. **치구**(외부) : 또는 치골 부위는 클리토리스 다발 바로 위에 위치한다. 손바닥으로 여성의 치구를 마사지하면 클리토리스 다발이 위에서부터 자극을 받는다. 클리토리스 다발을 치구와 질 사이에 끼인 보이지 않는 신경말단 층이라고 생각하면 된다. 따라서 위아래에서 이를 자극할 수 있는 것이다.

4. 앞 맞교차(외부) : 머리와 포피 바로 위에 위치한 부드러운 부분. 이곳은 신경섬유들이 분포해 있고 클리토리스 몸체(내부 : 흥분되었을 때 앞 맞교차 피부에서 돌출되어 보이는 줄처럼 생긴 민감한 구조)를 덮고 있다. 머리와 마찬가지로 앞 맞교차와 몸체는 처음에는 혀 놀림에 반응하다가 일단 흥분하면 윗입술과 잇몸에 의한 강한 압박 또는 손가락 끝을 이용한 마사지를 갈망한다.

5. 소대(외부) : 머리 아래에서 소음순(안쪽 입술)이 만나는 지점이다. 이 민감한 부분은 강한 압박은 물론 혀 놀림에도 흥분한다. 머리 및 앞 맞교차, 그리고 몸체와 마찬가지로 성적으로 흥분하는 데 중요한 구실을 한다. 사실, 클리토리스에서 외부에 드러난 이 세 가지 구성 요소가 합쳐져 쾌락의 중요한 역할을 담당한다.

'민감한' 질문 하나

질문 : 제 여자친구는 쿤닐링구스가 싫다고 해요. 아프다네요. 이해가 안 돼요. 그게 어떻게 아플 수 있죠? 한번 해봤는데 이제 다시는 하지 말라고 하네요. 제가 뭘 잘못한 거죠? (스티브, 32세)

답변 : 너무 거칠었거나 자기도 모르게 너무 열심히 했나 봅니다. 여자친구에게 부드럽게 하겠다고 다짐하면서 한 번 더 해도 되느냐고 물어보는 게 좋겠습니다. 그녀가 그만 하라고 하면 바로 그만두겠다고 알려주세요. 클리토리스 머리가 몹시 예민하다는 걸 명심하세요. 많은 여성이 조금만 건드려도 견디기 힘들어 합니다. 특히 쿤닐링구스를 시작하는 순간에는 더욱 심합니다.

하기 시작했다면 최대한 부드럽게 자극하고 그녀가 충분히 흥분될 때까지는 머리를 직접 건들지 마세요. 그녀의 소음순과 질구에 집중해보세요. 회음부도 마찬가지고요. 잊지 말고 앞 맞교차와 소대도 자극해주세요. 각각 머리 바로 위와 아래에 있습니다. 머리는 아예 건드리지 말고, 한껏 핥기보다는 반쯤 핥는다고 생각하세요.

클리토리스 머리를 자극하는 게 처음이라면, 혀끝을 적셔서 부드럽게 갖다 대고 잠시 있어보세요. 엷은 안개처럼 부드럽게 머리 전체를 혀끝으로 감싸세요. 그녀가 강한 자극을 느끼며 부르르 떨 수 있습니다. 그녀가 그만하라고 하지 않으면 그 자세를 유지하세요.

그녀가 클리토리스에 닿는 혀의 감촉에 친숙해지도록 하세요. 가만히 있으면서 그녀가 움직임을 리드하도록 해보세요. 혀에 가해지는 적정한 압력의 양을 정하고, 클리토리스와 혀가 함께 벌이는 한판의 춤을 리드하도록 해보세요.

6. **소음순**(외부) : 작은 입술 또는 안쪽 입술이라고도 하는데, 흥분으로 충혈되면 크기가 거의 2배로 부푼다. 혀로 핥거나, 부드럽게 물거나, 손가락 끝으로 희롱하듯 꼬집으면 잘 반응한다.

7. **질구**(외부) : 처녀막이 남아 있고, 질구가 충분히 흥분되어 젖었을 때 천천히 오랫동안 핥거나 손가락으로 부드럽게 간질이면 잘 반응한다.

8. **음순 소대**(외부) : 음순 소대는 질구 아래에서 소음순이 모이는 곳에 위치한다. 혀 놀림에 잘 반응하고 질구를 손가락 끝으로 스치듯 간질여도 잘 반응한다.

9. **회음**(외부) : 음순 소대와 항문 사이에 분포되어 있는 피부로서, 항문과 클리토리스 회로망을 연결하고 질의 바닥에 늘어서 있는 발기성 해면조직으로 채워져 있다. 이 부분은 혀 놀림에 잘 반응하고, 손가락 끝으로 누르거나 안과 밖에서 손가락(엄지와 검지) 끝으로 꼬집듯이 자극해도 잘 반응한다.

10. 항문^(외부) : 클리토리스 회로망과 연결되는 조직과 근육으로 채워져 있다. 항문은 골반 근육처럼 성적 흥분 과정에 참여하고 오르가슴 중에 반복해서 수축한다. 이 부분은 손가락 끝으로 누르거나 삽입하면, 그리고 혀로 핥을 때 잘 반응한다. 그러나 박테리아가 있기 때문에 외음부의 다른 부분의 쿤닐링구스와 뒤섞이지 않도록 주의한다.

대단원의 시작
: 첫 키스

접근하는 방법

첫 인상, 특히 여성 성기에 남성의 입술이 주는 인상의 힘을 절대로 과소평가해서는 안 된다. 여성의 외음부에 하는 키스는 할 수 있는 모든 키스 가운데 가장 강력한 것으로, 글자 그대로 그녀를 숨 막히게 할 수 있다.

첫 키스는 특별한 날에 대비해 아껴둔 비싼 포도주를 처음 한 모금 마시는 것 같은 이벤트가 될 수 있도록 하라. 코르크 마개를 따서는 바로 들이마시지 마라. 포도주가 숨 쉬게 하고, 향기를 맡으며 음미하고, 맛에 감탄하고, 색조를 깊이 느낀 연후에 마지막으로 첫 모금을 마셔라. 이 특별한 체험을 온전히 감상하도록 하라.

- 손가락으로 그녀의 음모를 부드럽게 쓸어낸다.
- 외음부와 이웃한 부드러운 피부와 허벅지 안쪽에 부드럽게 입을 맞춘다. 여성의 안쪽 및 바깥 입술이나 클리토리스 머리 위에 입술을 모아(혀를 쓰지 않고) 가볍게, 그리고 촉촉하게 입을 맞춰라. 첫 키스는 클리토리스를 직접 겨냥하기보다는 성기 전체를 감싼다.
- 외음부 위에 뜨거운 숨을 내쉰다.
- 아주 부드럽게 클리토리스 머리 위에 입김을 불어 넣는다.
- 여성이 팬티를 입고 있다면 그 위에 키스하라.
- 그리고 섬세하게 팬티를 옆으로 젖히고 촉촉하게 빛나는 외음부를 드러낸다.

※주의사항 : 어떤 상황에서도 여성의 질 안에 공기를 직접 불어 넣는 일을 해서는 안 된다. 그렇게 하면 매우 위험한 상황이 벌어질 수 있다. 질 안에 공기를 불어 넣으면 색전증(혈관 안으로 운반되어온 이물질이 혈관을 일부 또는 완전히 막히게 하는 증세 – 옮긴이)을 일으켜 사망할 수도 있다. 그녀 위에서 숨을 내쉬고 그녀 위에 가볍게 바람을 불어준다.

직전의 순간

첫 키스 직전 기쁨에 빠져 있는 당신의 파트너와 외음부의 존재를 받아들이는 시간을 갖도록 하라. 앞으로의 경험을 위해 마음의 준비를 하는 것이다. 성적 흥분 과정을 거치는 동안 여성을 확고히 리드하여 오르가슴에 이르게 해야 함을 스스로에게 일깨운다.

지금은 여성에게 세 가지 확약을 일깨워줄 중요한 순간이다(1부 19장을 참조하라).

- 여성의 아래 품을 향해 내려가면 그녀 또한 흥분한다. 그녀만큼이나 당신도 이것을 즐긴다.
- 서두르지 않는다. 여성은 전혀 급하지 않다. 그녀는 매 순간을 음미하고 싶어한다.
- 여성의 냄새는 도발적이고, 맛은 강렬하다. 모두가 동일한 아름다움의 근원으로부터 발산하여 나온다.

몹시도 고대하던 만찬에 도착한 손님처럼, 여주인에게 당신이 얼마나 흥분했는지, 여주인이 얼마나 아름다운지, 눈앞에 놓인 음식을 당신이 얼마나 먹고 싶어하는지를 알려준다. 그리고 그녀를 편안하게 해준다.

여성을 간질이듯 괴롭히고, 그녀의 애를 태워라. 절대 키스를 받지 못할 것처럼 생각하게 만들고 나서 그녀가 막 미쳐버릴 것 같은 바로 그 순간에 키스하라.

입맞춤하기

첫 핥기는 '아이스크림'을 아래에서 위로 핥듯이 천천히, 그리고 부드러워야 한다. 완전히 녹아나도록 핥는다.

- 질구 아래쪽, 음순 소대에서 시작하여 위로 올라온다.
- 소음순 전부를 핥고 나서 클리토리스 머리 바로 아래 소대에서 잠깐 혀를 쉬게 한다.
- 클리토리스 머리 위에 와서는 깃털처럼 부드럽게 스치면서 머리 바로 위 앞 맞교차까지 온다.
- 혀끝으로 앞 맞교차를 누르면서 그 아래의 탄력 있는 클리토리스 몸체를 느껴본다.
- 위에서 아래로 천천히 키스하면서 손가락으로 회음(질구 아래쪽 피부)을 살짝 누른다.
- 위에서 아래로 질구를 전부 핥을 때는 손을 음모 위에 올리고 여성의 배 쪽으로 살짝 밀어준다. 이렇게 하면 피부가 당겨지면서 질구가 팽팽해지는데 이때 민감한 소음순을 마음껏 핥을 수 있다.
- 표준자세의 대안으로서, 키스하기 전에 허벅지를 붙잡아 다리를 들어 올리고 엉덩이만으로 몸을 받치면 외음부가 완전히 드러나 보인다.

어떻게 접근하든 오랫동안, 그리고 천천히 아래에서 위로 행위의 각 단계를 음미한다. 여성에게 첫 키스(길고 충분한 핥음)를 선사한 다음에는 혀를 길게 늘어뜨려 질구에 대고 휴식을 취한다. 여성의 외음부를 완전히 감싸는 것이다. 이 상태에서 첫 키스의 감흥을 음미해보자.

더 나아가기 전에 알아야 할 것

모든 키스가 같은 상황에서 일어나는 것은 아니어서 종종 고려할 점이 생길 수 있다. 다음의 '시나리오' 가운데 어느 것에라도 관심이 간다면 부록을 찾아본다.

- 안전한 키스 : 안전장비를 어떻게 이용하는지 배운다.
- 스칼릿 키스 : 일반적 견해와는 달리, 여성이 월경 중에 있어도 피를 묻히지 않고 완벽하게 즐기면서 쿤닐링구스를 할 수 있다.
- 처녀 키스 : 쿤닐링구스를 처음 접하는 남녀를 위한 것이다.
- 임신 중 키스 : 성적 긴장을 방출하는 일이 어느 때보다 중요한 시기에 어떻게 쾌락을 줄 수 있는지 그 상세한 내용을 배운다.

복습하기

이 장에서는 첫 키스의 중요성에 대해 살펴보았다. 첫 키스를 앞으로 벌어질 행위에 대해 당신이 얼마나 열망하고 있는지를 표현하는 기회로 삼아라. 하지만 그러한 흥분이 클리토리스 머리로 직접 향하기보다는 외음부 전체에서 천천히, 부드럽게 퍼지는 키스로 이어지도록 노력하라.

쿤닐링구스는 무엇보다 첫 인상이 중요하다.

본격적으로
리듬 타기

맺고 끊는 순간

첫 키스를 받으면 여성은 안달이 날 것이다. 이제 당신이 끝까지 갈 수 있다는 걸 보여줄 때다. 이제는 맺거나 끊는 순간, 또는—곧 알게 되듯이—맺으면서 끊어야 하는 순간에 와 있다. 많은 남성이 마라톤을 하면서 속도 조절 없이 결승선을 향해 돌진하는 실수를 범하는 것과 같은 중대한 순간인 것이다.

쿤닐링구스는 움직임과 정지 사이의 균형, 즉 행위와 반응의 대비가 중요하다. 혀를 펴서 부드럽게 외음부에 대고 있다가, 조금 뒤에는 단호하게 그녀 안으로 들어가는 것이 매우 강력한 방식이다.

한 번 핥고 다시 핥는 사이의 간격을 충분히 두어 각 순간을 완전히 음미할 수 있도록 한다. 터널이나 동굴 안에서 여성의 이름을 외칠 때 한 번 외치고 나서는 울림이 완전히 잦아든 후 다시 외치는 것처럼 한다. 나중에 긴장이 쌓여 절정에 이르렀을 때, 작용과 반작용이 겹치면서 사실상 구분할 수 없는 순간이 올 것이다. 하지만 당분간은 아니다.

- 혀를 갖다 대고 여성의 외음부를 느껴보라. 당신과 파트너의 신경말단이 서로를 찾아 포옹하도록 하라. 당신의 혀가 여성의 외음부와 하나 됨을 보고 느껴라. 그러고 나서…….
- 접촉을 중단하라. 당신의 혀가 일순간 외음부에서 완전히 떨어지면서 여성의 골반에 잔잔한 떨림을 일으켜야 한다. 외음부가 당신의 혀를 잃으면서 발생하는 거의 감지할 수 없을 정도의 떨림. 그리고…….
- 다시 접촉하라. 첫 키스 할 때처럼 길고 천천히. 위에서부터 아래로 핥아 내리고, 혀의 넓고 평평한 면으로 클리토리스 머리를 마음껏 쓸어내려라.
- 그런 다음 다시 한 번 혀를 펴서 외음부 위에 댄다. 이때 너무 세게 누르거나 특정 부분에 쏠려서는 안 된다.

기초를 튼튼히 하라

- 리듬을 타라. 길게 천천히 핥은 다음 혀를 펴서 댄 채로 멈

추고, 다시 길게 천천히 핥은 다음 펴서 댄 채로 멈춘다. 이런 반복 행위의 주기는 약 10초 정도를 둔다. 즉, 5초 동안 핥고 5초 동안 펴서 감싼다.

* 이 패턴을 3분 동안 반복하거나, 15회에서 20회 반복한다.

실행 팁 과정에 익숙해지면 핥을 때 손을 이용해서 여성의 음모를 밀어 올린다. 이렇게 하면 여성의 질구가 조여들고 소음순이 좁혀진다. 그러고 나서 혀를 평평하게 하여 외음부에 대고 있을 때 손을 놓는다.

유혹하기

* 당장은 클리토리스 머리를 피한다.
* 다음으로, 머리를 완벽히 피해가면서 외음부 아래에서부터 중간 지점까지 절반만 핥으며 행위에 변화를 준다.
* 소음순 자극에 집중한다. 이렇게 하면 클리토리스 머리가 지나치게 흥분되지 않는다(머리가 얼마나 민감한지 기억하라). 혀 놀림에 변화를 주어가며 머리를 부드럽게 자극하여 포피로부터 머리가 나오도록 유혹한다. 머리를 가볍게 스치듯 반복해서 핥다가 머리를 피해가며 더 깊게 반만 핥는다. 이제 리듬에 변화를 주어 클리토리스 머리를 깨어나게 했다. 이

렇게 클리토리스 머리가 혀 놀림에 적응하면 이를 중단시
킨다. 그럼으로써 클리토리스 머리가 당신의 혀를 찾아 나
서게 한다.

문학적으로 핥기, 첫번째

셰익스피어의 희곡은 공연을 위한 것이었다. 그리고 여성
의 성기야말로 셰익스피어 시의 최고 관객이라고 할 수 있
다. 그 위대한 시인은 우리에게 영감을 줄 뿐만 아니라 리
듬에 맞추어 어떻게 혀를 움직여야 할지를 가르쳐준다.

셰익스피어는 대부분의 희곡을 운문으로 썼는데, 특히
약강오보iambic pentameter의 형태를 취했다. '약강'의 의미
는 단어의 두 번째 음절에 강세가 있다는 것이고, '오보'는
한 행에 다섯 걸음이 있다는 것, 즉 한 행에는 한 걸음에 두
음절씩 모두 열 음절이 있다는 것이다.

약강오보 리듬은 단순하면서 쉽다. 다-담, 다-담, 다-
담, 다-담, 다-담.

셰익스피어의 한 시구에 적용되는 리듬을 생각해보자.

"Shall I/ com-pare/ thee to/ a sum/ mer's day?(제
가 당신을 여름날 하루에 비유할까요?)"

이제 당신의 혀를 무대 중심에 올려놓을 준비가 되었

다. 당신의 먼지 덮인 대학교재용 셰익스피어 책을 책꽂이에서 꺼내 몇 줄을 외우고, 약강오보의 리듬으로 여성의 클리토리스를 자극해보자. 당신의 연기는 분명히 기립박수를 받을 것이다.

~~~~~~

여성을 숨 막히게 하는 순간

클리토리스 머리가 잠시 자신을 멀리했던 혀를 찾아 포피 밖으로 나온 그 순간 다시 해주며 숨이 막히게 만든다. 물결이 덮쳐오는 것처럼, 당신의 촉촉한 혀로 5초 동안 머리를 감싼다. 여성이 쾌락으로 몸을 떠는 것을 느낄 수 있을 것이다.

실행 팁 이런 과정을 발전시켜, 여성의 다리를 들어 올린 상태에서 해보자. 여성의 허벅지를 단단히 움켜쥐고 두 다리를 들어 올려 엉덩이만으로 침대를 받치게 한다. 외음부를 부드러우면서도 조심스레 핥으며 여성이 당신의 손을 밀치려고 할 때 일어나는 다리와 골반의 긴장에 주목한다. 이렇게 '저항하는 순간의 밀쳐내기'가 결정적으로 근육의 긴장을 크게 높여 성적 반응과 오르가슴 분출에 기여한다.
~~~~~~

횟수에 변화주기

- 반만 핥기로 돌아간다. 5회 핥기로 한 차례 행위를 마친다.
- 그런 다음, 다시 한 번 혀끝으로 부드럽고 촉촉하게 머리를 적신다. 이때 행위 한 차례를 다시 시작할 때마다 반만 핥은 횟수를 1회씩 늘려 전부 10회가 될 때까지 해나간다.

이런 과정을 통해 리듬이 확보되고 불규칙성을 암시함으로써 성적 긴장이 쌓인다. 이때는 클리토리스 머리가 구강 자극에 적응해가도록 하는 것이 가장 중요하다.

복습하기

1. 이 장에서는 리듬을 확보하고 확고한 기초 다지기 일의 중요성에 대해 살펴보았다. 또한 거친 열정에 그대로 빠져들고 싶은 유혹이 생길 때의 자제가 중요하다는 점도 알았을 것이다.

2. 첫 키스 이후 위에서 아래로 질구를 핥는다. 그리고 나서 외음부 위에 혀를 평평하게 편 채로 대고 멈춘다. 15회에서 20회 반복한다.

3. 그 다음 클리토리스 머리는 피하고 소음순에 집중하면서 반만 핥기를 5회 실행한 다음 핥기를 그만두고 혀끝으로 부드럽게 머리를 누른 채 동작을 멈춘다.

4. 이 패턴을 반복하되, 10회가 될 때까지 행위 한 차례당 반만 핥기를 1회씩 늘려나간다.

5. 이런 과정을 거치며 리듬을 확보하고 클리토리스 머리가 당신의 혀 놀림에 순응하게 만든다.

자극 즐기기 1
: 손과 함께 놀기

팀워크의 중요성

이제 좀더 본격적으로 흥분으로 가는 길에 나서야 할 때가 되었다. 지금까지는 혀가 주도적인 역할을 해왔다. 그러나 이제는 손가락이나 손과 함께 행동하면서 팀워크 정신을 발휘해야 한다. 모두는 하나를 위해, 하나는 모두를 위해.

당신의 혀, 손, 손가락이 재즈트리오의 세 멤버라고 생각해 보자. 다른 뛰어난 밴드와 마찬가지로 아름다운 음악을 만들려면 모두 함께 일해야 한다.

능란한 손가락

트리오 비유에서 혀를 '색소폰' 연주자로 생각한다면, 손가락은 피아노 앞에 앉아 혀의 열정적인 솔로연주에 거장의 리듬을 부여한다. 손가락은 혀와 힘을 모아 아찔한 협연을 창조해 낸다. 먼저, 손가락 하나가 지닌 잠재역량을 살펴본 다음 더 복잡한 결합을 소개할 것이다. 당신의 검지를 이용하여 다음과 같이 해본다.

- 여성의 안쪽 입술과 시시덕거린다. 손가락 끝으로 가장자리를 따라간다. 장난스럽게 쥐어짜거나 꼬집는다. 집게손가락으로 외음부의 다양한 부분들을 익숙하게 알아가면서 여성의 반응을 살핀다.
- 앞 맞교차, 머리와 포피 위의 부분을 부드럽게 자극한다.
- 소대(머리 아래, 질구 위에서 소음순이 만나는 부분)를 가볍게 두드린다.
- 음순 소대(대음순이 질구 아래에서 만나는 부분)를 놀리듯 자극한다.
- 질구 아랫부분을 부드럽게 간질인다.
- 손가락이 여기저기 다니는 동안 단순하지만 꾸준히 혀를 놀린다. 손가락과 혀 둘이 사이좋게 협력해야 한다는 점에 유념한다.
- 외음부에 충분히 시간을 할애했으니 이제 검지를 5센티 정도 천천히 질구 안에 집어넣는다. 손가락이 아주 쉽게 들어갈 것이다(여성이 흥분하여 충분히 젖었다고 가정하자). 이에 반응하여 여성의 골반 안쪽이 요동치고 클리토리스 아랫단이 돋아나는 것이 느껴질 것이다.

- 자세를 유지하면서 단순한 혀 놀림을 계속한다. 성급하게 손가락을 더 넣으려고 해서는 안 되고 나중을 위해 아껴 둬라. 지금은 침착하게 놀리듯 자극하는 단계로서, 한 손가락으로 은근하게 여성의 골반 근육을 자극하여 움직이게 만들어야 할 때이다. 당신은 지금 여성이 결코 붙잡을 수 없는 어떤 것을 주고 있는 중이다.

엄지로 자극하기

엄지는 깊이보다는 너비의 힘을 보여주는 훌륭한 사례다.

- 검지 대신 엄지손가락을 질 속에 지문을 찍는 것처럼 장난스럽게 집어넣어라. 엄지는 검지보다 짧고 뭉뚝하지만 중량감은 더 있다. 따라서 엄지손가락은 얕은 움직임이나 외음부의 표면을 자극할 때에만 이용한다.

실행 팁 엄지와 검지를 함께 이용하라. 검지를 질 속에 넣은 상태에서 엄지를 아래쪽 6시 방향으로 내려 회음(질 아래, 항문 위에 위치한 발기성 조직으로 이루어진 부분)을 쓰다듬고, 간질이고, 누른다. 또는 검지가 질에 꽂혀 있는 동안 엄지를 위쪽 12시 방향으로 돌려 그녀의 소대(클리토리스 머리 바로 아랫부분)를 마사지한다.

든든한 손

어떤 재즈트리오도 베이스 없이는 완성될 수 없다. 손의 역할이 바로 베이스에 해당한다. 혀만큼 현란하지도 손가락만큼 능란하지도 않지만, 그럼에도 멜로디 유지에 결정적으로 중요한 것이 손이다.

오른손잡이라고 가정하면, 오른손이 열심히 작업하고 있을 때 일반적으로 왼손은 지원 역할을 한다(왼손잡이라면 반대다). 손은 아래에서 일하지만, 위에서 일어나는 행위에 대한 든든한 토대를 제공한다. 단호하고 흔들림 없는 손 덕분에 당신의 혀를 꼼꼼히 놀릴 수 있는 것이다.

• 자유로운 한 손을 여성 엉덩이 아래에 놓고 단단히 감싼다. 볼기 두 쪽 모두를 쉽게 쥘 수 있어야 한다. 손을 이용해 여성의 자세를 유지해주고 입과 외음부의 상대적 위치를 조절한다. 실수하면 안 된다. 멋진 한판의 행위를 위해서는 반드시 손이 안정되어 있어야 한다. 그래야만 여성이 외음부를 남성의 입에 쉽게 갖다 댈 수 있고 당신이 외음부를 누르는 정도를 조절할 수 있다.

복습하기

1. 이 장에서는 성적 긴장을 높이는 단계로 들어갔다. 이를

위해 손가락을 이용한 자극, 즉 질 속에 검지를 삽입하는 방식을 살펴보았다. 그러면서 여성의 클리토리스 아랫단과 골반 근육의 반응에 주목했다.

2. 검지와 함께 엄지손가락의 역할에 대해 알아보았다. 또한 엄지와 검지를 함께 이용하여 회음을 놀리듯 자극하는 방식을 살펴보았다.

3. 손가락을 이용한 간단한 자극 외에 여성의 무게를 지탱하며 자세 확보를 위한 한 손 이용의 중요성을 강조했다. 안정감 있게 엉덩이를 붙잡으면 혀와 외음부의 접촉을 계속 유지하는 데 도움이 된다.

자극 즐기기 2
: 창의적인 혀 놀림

활발한 혀 놀림

이제 클리토리스 머리가 남성의 혀 놀림에 완전히 적응했으니, 혀 놀림에 변화를 주면서 좀더 활발하게 시도해보자. 혀가 혼자 놀도록 하되, 스트렁크와 화이트의 훈계를 기억하고 있어야 한다. "명료해야 한다. 혀가 거칠게 놀더라도 이해는 되어야 한다!" 리듬을 깨지 말고 강화하라. 리듬을 타면서 놀아라.

좌우로 핥기

대부분의 핥기는 아래에서 위로, 즉 수직으로 진행된다. 그러나 수평으로 이리저리 짧게 클리토리스 머리를 핥으면, 특히 축축하고 질퍽해질 정도로 두루 핥으면 여성에게 불이 붙을 것이다.

대각선으로 핥기

머리를 오른쪽이나 왼쪽으로 기울여서(어느 쪽이든 편한 쪽으로) 여성의 허벅지에 귀를 대고 누른다. 그런 다음 클리토리스의 왼쪽 아래 구석 부분부터 대각선 방향으로 반대편을 향해 핥아 오른다. 이때 클리토리스 머리를 쓸듯이 스쳐 지난다. 이렇게 제대로 하더라도 혀 놀림이 둔해지는 것이 느껴질 것이다. 혀의 앞면이 아니라 옆면으로 작업하기 때문에 더 힘든 것이다. 이런 자세를 취하면 목에도 어색한 느낌이 드는데, 어쨌든 방향과 속도가 변하면서 여성은 분명히 즐거워할 것이다. 혀로부터 받는 감촉이 약간 무겁고 둔탁해지기 때문이다. 대각선으로 핥을 때에는 실제로 조금 느릿한 감을 받지만 그런 가운데 예기치 못한 스타카토, 쾌감을 일으키는 작은 불꽃이 여성 안에서 작열할 것이다.

실행 팁 두 손의 엄지손가락을 이용해서 소음순(안쪽의 작은 입술)을 양쪽으로 벌리고 머리를 드러낸다. 위에서 아래로, 왼쪽에서 오른쪽으로 혀를 스친다. 일단 요령을 익혔으면 검지를 이용하여 클리토리스 몸체를 부드럽게 마사지한다.

고양이 핥기

고양이가 주의를 기울여 자기 몸을 단장하는 것을 본 적이 있는가? 고양이는 시간적 여유를 충분히 두고서 한 번에 털의 한 부분씩 정돈한다. 한 부분을 계속해서 핥고 나서 다른 부분으로 옮겨간다. 고양이 핥기는 쿤닐링구스에서도 중요한 위치를 차지한다. 까다롭고 세심한 고양이처럼 외음부 전체를 짧게 되풀이하며 핥는다. 클리토리스 머리는 마지막까지 남겨 두었다가 마치 고양이가 치장하기 곤란한 부분에서는 신경을 쓰는 것처럼 더욱 정성스럽게 핥는다.

그림자 손가락

검지가 혀의 자취를 따라가도록 한다. 당신의 촉촉하고 부드러운 혀에 이어지는 손가락의 딱딱함이 기분 좋은 대조를 만들어낸다. 단순하게 수평과 수직으로 핥고 나서 더 복잡한 경로를 시도해본다.

납작 엎드린 혀

이것은 가장 과소평가되고 가장 덜 이용하는 자세 가운데 하나다. 이 자세는 오르가슴을 유도하기에도 좋지만, 혀 놀림 사이에 짧은 휴식을 가져다주기 때문에라도 중요하다. 평평하게 편 채로 가만히 있는 혀는 극중 장면들 사이의 휴식시간과 같다. 배우들이 장면을 바꾸면서 쉴 수 있는 시간이다. 그러나 관객이 극장을 떠나게 해서는 안 된다.

여성의 외음부를 덮을 수 있을 만큼 혀를 단단하면서도 평평하게 늘어뜨린다. 그런 다음 외음부에 혀를 갖다 댄다. 그 다음 작업은 여성이 하도록 한다. 여성 스스로 미끄러지고, 들썩이고, 비비며 움직이게 하라. 여성이 원하는 대로, 속도 또한 여성이 정하는 대로 놔둔다.

단숨에 해치우기

두 복싱선수가 경기 도중 지쳐서 잠시 부둥켜안은 채 쉬고 있는 모습을 생각해보자. 쉬고 있는 당신의 혀를 여성이 때리도록 하자. 그래서 녹초가 되도록 만들어라. 그런 다음 여성을 '단숨에' 해치우자! 이것이 무하마드 알리가 조지 포먼과 벌인 경기에서 그를 쓰러뜨리기 위해 취한 전법이다. 알리는 7라운드 내내 포먼이 자신을 두들겨 패도록 놔두었다. 모두가 알리에게 가망이 없다고 생각했다. 그런데 포먼이 너무 열심히 뛴 나머지 가까스로 글러브를 들 수 있을 만큼 지쳤을 때, 알리가 갑자기 활기를 되찾아 튀어 오르더니 번개처럼 빠르게 다양한 각도로 펀치를 날려 멍하고 혼란에 빠진 포먼을 순식간에 매트에 눕혀버렸다.

알리처럼 하라. 납작 편 채로 가만히 있는 혀에 여성이 달려들어 비비게 하라. 여성의 행동을 모두 받아준 다음 갑자기 튀어 올라 빠르게 수직으로, 대각선으로 혀 놀림을 퍼붓는다.

짧으면서도 활기차게 여성이 감각을 잃을 정도로 핥는다. 그런 다음 다시 혀를 펴서 가만히 놔두어 다시 활기를 찾아야 할 적절한 순간을 기다린다.

문학적으로 핥기, 두 번째

혀 놀림과 관련해 작가 블라디미르 나보코프에게 경의를 표한다. 지금은 고전이 된 《롤리타Lolita》에서 그는 다음과 같은 아름다운 구절을 남겼다. "롤-리-타Lo-lee-ta : 혀끝이 세 번 입 천장을 건드리다 세 번째에 이를 톡 두드린다."

많은 섹스 관련 서적에서 여성의 외음부 위에 혀로 글씨 쓰기를 열광적으로 찬양했다. 책에서 보면 그럴 듯해 보여도 실제로 하기는 쉽지 않다.

혀로 글자를 쓴다면 같은 글자를 반복해서 천천히 고르게 겹쳐 쓰도록 하라. 대문자 F를 써보자. 밑에서 위를 향해 길고 진하게 핥은 다음, 클리토리스 머리 위쪽을 넉넉하게 가로질러 핥고, 포피 아래에서 대시(-)를 그어 글자를 완성한다.

또는 반대로 소문자 i를 써보자. 아래에서 위로 반 정도 질을 핥다가 클리토리스 머리 위에 매력적인 점을 찍고 마무리한다.

글자를 천 번은 아니더라도 백 번은 써보자. 점점 혀의 강도와 압력을 높여 감으로써 마침내 그 글자가 고대 상형 문자처럼 지워지지 않을 만큼 여성의 모든 신경에 아로새겨질 것이다.

빨아들이기

입술을 오므려 클리토리스 머리를 부드럽게 빤다. 이 테크닉으로 클리토리스에 유입되는 혈류를 늘릴 수 있다. 여성의 흥분 과정에서 혈류의 유입이 매우 중요한 것으로 인정되어, FDA(미국식품의약국)가 여성의 오르가슴 장애를 치료할 목적으로 클리토리스 치료 기구Eros-CTD(Clitoral Therapy Device)를 승인하였다. 조그만 플라스틱 컵에 작은 펌프를 부착한 장치로서, 클리토리스 머리 위에 씌우면 쿤닐링구스 효과가 나도록 고안되었다. 그런 만큼 이 장치를 이용하면 종종 여성이 오르가슴에 도달한다. 심지어 클리토리스 치료 펌프는 여성이 나이 들면서 발생하는 클리토리스 혈관 섬유증을 예방할 수 있다는 연구결과가 나오기도 했다.

그러나 이토록 기구의 효능이 뛰어나도 당신은 이 기구보다 훨씬 더 잘할 수 있다!

복습하기

이 장에서는 혀 놀림의 리듬과 속도에 변화를 주는 창의적이고 장난스러운 테크닉을 소개했다. 이 테크닉들은 남성이 클리토리스와 계속 접촉을 유지하면서 여러 기법을 뒤섞어 실행함으로써 흥분을 고양할 수 있다는 점에서 중요하다. 혀만으로 할 때는 리듬을 깨뜨리지 않되 더욱 강화해야 한다.

오럴섹스의
적당한 시간은?

질문 : 오럴섹스를 할 경우 종종 끝이 안 날 것 같은 느낌이 듭니다. 쿤닐링구스를 얼마나 지속해야 하는지에 관하여 경험 법칙 같은 것이 있을까요? (잭, 32세)

답변 : 물론입니다. 한 차례의 쿤닐링구스가 얼마나 걸리는지 정확하게 답할 수 있는데, 바로 여성이 오르가슴에 도달할 때까지입니다.

말하자면, 모든 여성은 성적 반응이 제각각입니다. 따라서 여성마다 한 차례를 끝내는 데 얼마나 걸릴지는 정확히 예측할 수 없어요. 어떤 여성은 빠르게 성적 긴장이 쌓이면서 오르가슴에 도달하는 데 반해, 또 다른 여성은 더 오랜 시간 자극이 필요하기도 합니다.

기억할 것은 여성의 오르가슴은 스트레스, 운동, 식생활, 피로, 약물, 그리고 알코올(긴장 해소에 도움이 될 수도 있지만 너무 많이 마시면 반응이 무뎌진다) 같은 다양한 요인의 영향을 받아 잠재적으로 변동할 수 있다는 점입니다. 연령이나 임신 같은 신체적 요인 또한 여성의 오르가슴에 영향을 미칠 수 있죠.

규칙적으로 자위행위를 하는 여성이 그렇지 않은 여성보다 더 쉽게 오르가슴에 도달한다는 주장이 있습니다. 이는 자신의 몸과 성적 흥분 과정을 잘 알고 클리토리스에도 익숙해진 결과입니다. 말하자면 자위행위가 오르가슴 경험을 좀더 쉽게 만드는 배선을 형성해주기 때문에 많은 여성이 남성과 마찬가지로 스스로를 자극하여 수분 이내에 오르가슴에 이를 수 있는 것이죠. 물론 이론적으로 남성이 혀를 가지고 이와 동일한 일을 해낼 수 있습니다. 그리고 여성이 전희 중에 얼마나 충분히 자극받았느냐에 따라서도 쿤닐링구스의 지속시간 또한 직접적인 영향을 받습니다.

당신이 여성의 성적 흥분 과정에 대해 잘 안다고 확신할수록, 즉 무엇을 하고 무엇을 하면 안 되는지 알수록 더 쉽게 여성의 오르가슴을 이끌어낼 수 있습니다.

물론 폭넓게 일반화하여 말할 수 없는 것은 아닙니다. 한 차례의 쿤닐링구스는 전희를 제외하고 평균 15~45분 사이에서 이루어집니다. 보통 15분 정도로는 여성이 필요한 만큼 성적 긴장을 쌓기는 어렵고, 45분이 넘어가면 자극이 지나친 나머지 무감각해집니다.

간결함이 위트의 정수라고는 하지만 쿤닐링구스에는 적용되지 않는 이야기입니다. 그렇지만 걱정할 것 없습니다. 재미를 보고 있을 때는 시간이 빠르게 지나가거든요.

30 행위 고조시키기 1
: 지스팟 자극하기

지스팟 찾기

1부에서 지스팟에 대해 자세히 설명했지만, 아마도 지스팟을 찾는 데 꽤 많은 시간이 들고, 찾고 나서도 제대로 찾았는지 의문을 갖는 경우가 보통이다. 다시 말하지만, 지스팟은 그저 한 지점에 불과한 것이 아니다. 사실 그것을 지점spot이라고 부르는 것은 심각한 잘못으로, 그것은 하나의 부위area, 민감한 부위이기 때문이다.

'지스팟'이라는 용어 대신 다발, 즉 클리토리스 다발이라고 생각하라. 이 다발을 해면조직과 골반 뼈라는 '토양' 위에 내린 보이지 않는 '뿌리'라 생각하라.

이제 우리가 찾는 것이 무엇인지 알았으니 직접 찾아 나서 보자.

'이리 와' 자세

앞서 한 손가락을 가만히 질 속에 넣고 자극하는 방법에 대해 알아보았다. 이제 그 과정에 손가락을 느리게 움직이는 동작을 결합해보자.

- 검지를 똑바로 편 다음 구부려서 '이리 와' 하는 제스처를 만든다.
- 손가락 끝으로 질 천장을 부드럽게 스친다. 그렇게 하면 손가락이 클리토리스 다발(요도를 둘러싸고 있으며 흥분하면 질 천장을 향해 부풀어 오르는 민감한 해면조직으로 이루어진 부분)을 지나게 된다. 이 시점은 성적으로 흥분된 상태이기 때문에 클리토리스 다발에 혈액이 유입됨으로써 충혈되어 있어 아주 쉽게 찾을 수 있다. 질 천장이 질구와 교차하는 해면조직에서 손가락으로 더듬는 여정을 멈춘다.
- 손가락 끝으로 여성의 치골 부위를 가볍게 누른다. 클리토리스 망 위의 새로운 열점hot zone을 자극하는 것이기에 그 부위를 처음 건드릴 때 여성이 부르르 떨 수도 있다.
- 손가락을 구부려 '이리 와' 하는 것 말고도, 손가락 전체로 질 천장을 누를 수 있다. 자세를 잡고 그 부위를 압박해보자. 주저 말고 그녀의 질 천장을 누르자. 클리토리스 다발은 머리보다 덜 민감해서 강하고 지속적인 압박에도 잘 견딘다.

‘이리 와’ 자세

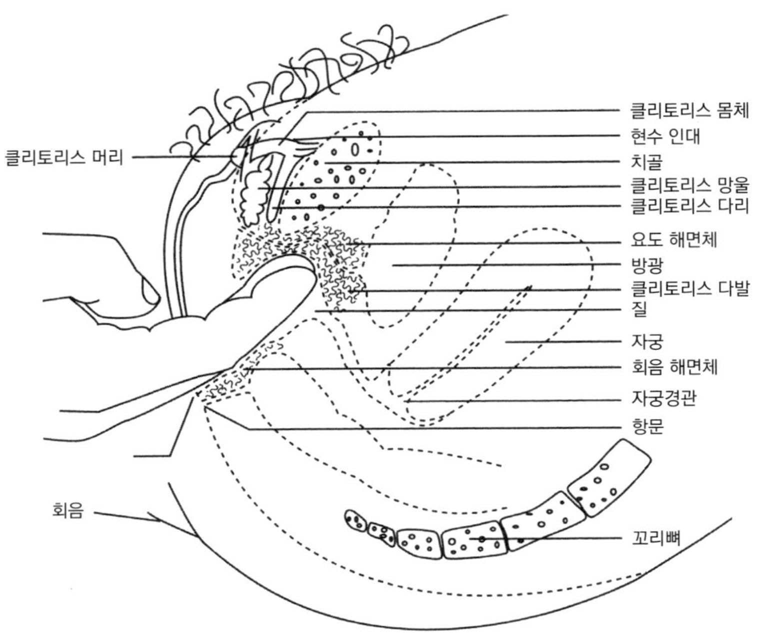

실행 팁 손가락으로 질 천장을 누르면서 다른 손은 치구에 대고 아래로 누른다. 위에서 주는 압박이 질 천장의 압박과 호응하여 접촉에 더욱 민감한 자극을 받는다. 이는 클리토리스 다발을 구성하는 해면조직이 질 천장과 치골 사이에 자리 잡고 있으며 성적으로 흥분하면 충혈되면서 양쪽으로 부풀기 때문이다(이 테크닉을 시각적으로 확인하기 위해서는 184페이지 그림을 참조하라).

- ‘이리 와’ 자세로 그녀의 질 천장(클리토리스 다발)을 자극한 다음에는 자세를 반대로 바꾸어 질의 바닥에 대고 같은 동작을 되풀이한다. 질의 바닥을 훑으면서 그녀의 회음(질과 항문 사이의 피부를 채우고 있는 민감한 발기성 조직)을 흥분시킨다.

실행 팁 ‘회음 꼬집기’를 해준다. 여성의 회음 조직 안쪽을 검지로 자극하면서 엄지로는 회음 바깥쪽을 누른다. 글자 그대로 안팎에서 회음을 꼬집고 있는 것이다.

- 질 천장과 바닥 모두를 자극하고 나서 ‘이리 와’ 자세로 민감한 좌우 질 벽, 특히 질구에 가까운 부분을 더듬는다.
- 이 손가락 질 벽 탐험을 앞장에서 묘사한 혀 놀림으로 보완한다(수직으로 핥는 것이 가장 쉽고 자연스럽다). 손과 혀의 동시다발적인 움직임에 집중하기 어렵다면, 혀를 펴서 가만히 클리토리스 머리를 누르고 손가락으로 하는 자극에 집중한다.

복습하기

이 장에서는 지스팟 클리토리스 다발이라 재정의했고, 중요한 성감대에 대한 정의를 확대했으며, 일련의 손가락 자세로 그곳을 자극하는 방법을 배웠다.

회음 꼬집기

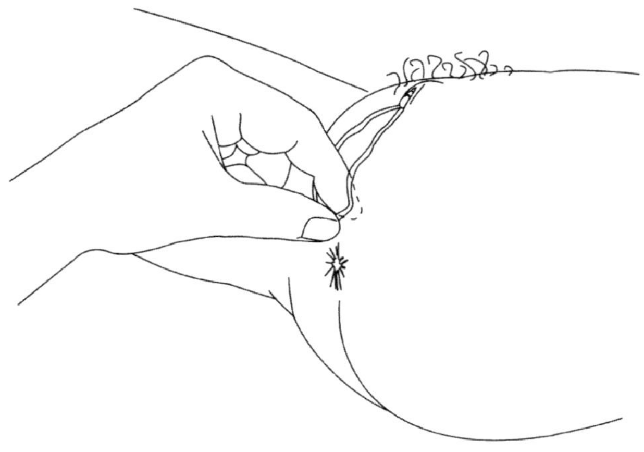

클리토리스 다발 압박하기

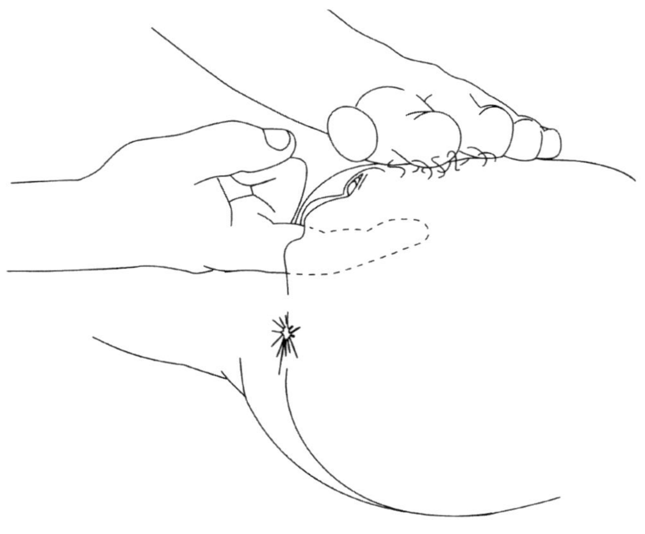

31 '이리 와 – 쥐기' 자세

한 손가락을 두루 이용해보았으니 이제 두 번째 손가락, 중지를 소개할 차례다. 검지와 중지를 한 손가락처럼 여겨 함께 작업하도록 하라.

- 우선, 두 손가락을 질 속에 넣고(손바닥을 위로 향하게) 가만히 있는다. 손가락으로 골반 근육이 수축하는 것을 느껴보는 시간을 갖는다. 손가락 주위로 질구(클리토리스 아랫단)가 조여 오는 것을 느껴보라.
- 한 손가락으로 했던 것처럼 두 손가락을 나란히 하여 '이리 와' 자세로 질 천장, 바닥, 벽을 자극한다. 질 천장을 훑을 때는 손가락 끝이 클리토리스 다발의 해면조직에 닿는 것을 느껴본다.

- 손가락을 펴서 질 천장을 누른다. 해면조직을 향해 밀어 올린다. 다른 손으로는 그녀의 치구를 내리 누른다.
- 두 손을 이용해 위아래에서 마사지한다.
- 혀로 클리토리스 머리를 핥는다. 수직으로 조금씩 핥거나 그냥 혀를 편 채로 갖다 댄다. 이 시점에서는 머리에 혀를 대고 누르는 것이 혀로 핥는 것만큼이나 중요하다.
- 두 손가락과 혀를 모두 쓰면서 클리토리스 다발과 머리를 동시에 자극한다. 이때 주의할 것은 머리는 부드럽게, 클리토리스 다발은 강하게 압박하는 것이다. 여성이 두 종류의 자극이 혼합된 쾌락을 느끼게 하는 것이 포인트다.

'이리 와 – 쥐기' 자세

- 이제 질 속에서 손가락을 걸고 손가락 끝을 질 천장(클리토리스 다발) 쪽으로 밀어 올린다. 단단히 붙잡고 해야 한다. 그런 다음 손가락 끝을 그녀의 질 위쪽 해면체에 밀어 넣으며 압박한다. 손가락 끝을 최대한 편안히 질 천장에 대고 손가락마디로 들어 올린다.
- 이 자세를 유지하면서 손가락 끝으로 누른다.
- 지금도 바깥에서 클리토리스 머리를 핥고 있기 때문에(손가락으로는 안쪽에서 자극을 주고 있고) 남성의 뺨이 편안하게 손바닥에

마주 닿아야 한다. 또한 손가락 끝이 클리토리스 머리 바로 뒤쪽을 누르고 있어야 한다.

'이리 와 – 쥐기' 자세는 입을 외음부에 갖다 댄 채 클리토리스 다발을 전체적으로 자극하는 중요한 자세다. 남성의 손가락이 이 자세를 취하고 있을 때 여성이 오르가슴에 도달할 가능성이 높다. 세 번째 손가락을 투입해서 공동 작업을 강화하면 여성의 골반은 더욱 요동칠 것이다.

복습하기

두 손가락을 사용하면서 '이리 와 – 쥐기' 자세의 중요성에 대해 살펴보았다. 손가락으로 여성의 클리토리스 다발을 전체적으로 자극할 수 있는 자세다. 이 단계에서는 손가락으로 위치를 확인하는 가운데 지속적으로 자극을 줄 수 있다.

'이리 와' 자세와 혀 놀림

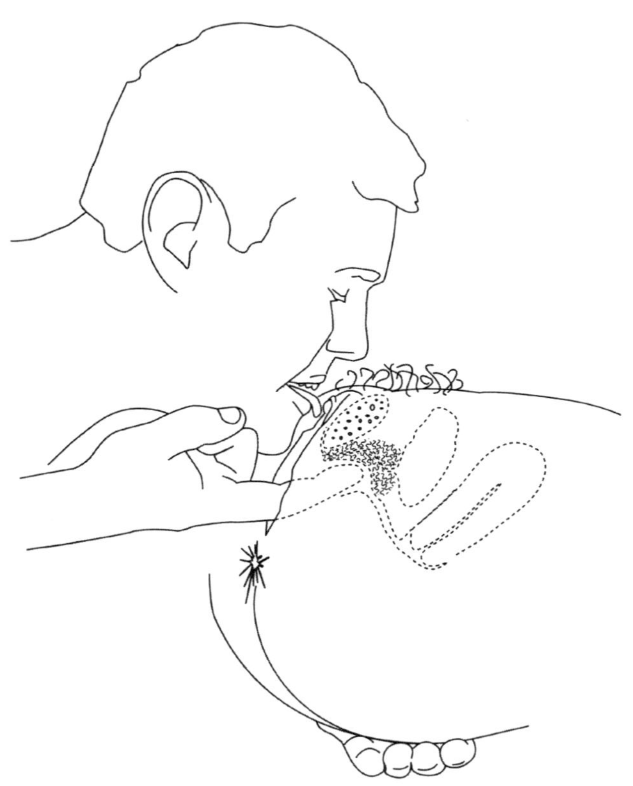

32

막간 여흥을
즐겨라

질문 : 제 여자친구는 오럴섹스를 좋아해요. 하지만 가끔은 제가 그걸 하고 있을 때 쓸쓸한 느낌이 든다고 불평해요. 무슨 문제라도 있는 걸까요? (로브, 29세)

답변 : 여자친구가 외로운 느낌이 든다고 하는 것은 전혀 이상한 일이 아닙니다. 쿤닐링구스가 육체적으로 강렬한 경험이기는 하지만, 여자친구가 조금 소외감을 느낄 수 있습니다. 그녀의 다리 한쪽에 걸터앉아서 페니스를 그녀의 허벅지 안쪽에 놔둔 채 한쪽 손으로 그녀의 배를 쓰다듬어주세요. 그리고 서로 몸을 더 많이 접촉할 수 있도록 해보세요. 지금은 외음부에 집중하고 있지만 위쪽으로는 그녀가 있다는 점을 잊지 말고 말을 걸면서 서로를 확인하는 과정을 갖도록 특별히 노력해야 합니다.

잠시 휴식

앞장에서 살펴본 '이리 와 – 쥐기' 자세는 쿤닐링구스를 하다가 막간에 다른 유형의 자극으로 옮겨가기에 좋다. 그녀가 동의한다면 말이다.

- 여전히 클리토리스 다발을 자극하면서, 무릎을 꿇은 채 여성의 옆구리를 돌아 배와 가슴에 입을 맞춘다. 또한 여성이 싫어하지 않으면 입에 키스할 수도 있다. 여성이 펠라티오 후 입을 맞추려고 하면 남성이 대개는 내켜 하지 않는 것처럼, 많은 여성이 쿤닐링구스를 하고 난 남성의 축축한 얼굴에 키스하려 하지 않을 것이다.
- 작은 타월을 준비해 두었다가 막간에 재빨리 얼굴을 닦는다. 또한 여성의 허벅지 안쪽이나 외음부를 가볍게 두드릴 수도 있다.

포도주를 마셔보자

잠시 휴식 중에 포도주 한두 잔으로 목을 축이는 것도 좋다. 1부에서 지적했듯이 여성 성기의 pH 수준은 포도주와 놀랄 만큼 비슷하다. 쿤닐링구스와 포도주는 완벽한 짝이라고 할 수 있다. 단맛이 없는 백포도주나 진판델Zinfandel(미국 캘리포니아 산 흑포도, 또는 그것으로 만든 적포도주 – 옮긴이) 와인을 마셔보자. 약간 신맛이 곁

들여진 포도주가 당신의 혀에 활기를 북돋아줄 것이다.

주머니 사정이 되고 취향을 살려볼 생각이라면 프랑스 꽁드리유 산 비오니에 한 병을 구하자. 살구, 복숭아, 꿀 향기가 풍부하고 여성 외음부에서 나오는 달콤한 즙과 합쳐지면 신들이 먹는 음식인 암브로시아(고대 그리스 신화에서 불로불사가 된다고 하는 신들의 음식. 아주 맛있는 음식을 비유적으로 일컫는 말 – 옮긴이)에 가장 가까운 맛이 날 것이다. 어떤 포도주를 고르든지, 다시 핥기를 시작하기 전에 여성도 한 모금 마시게 하라.

한 가지 기억할 일은 이 막간에도 '이리 와 – 쥐기' 자세에서 손가락을 빼서는 안 된다는 사실이다. 클리토리스 다발을 꽉 쥔 채 신의 술을 즐기도록 하라, 둘 모두를.

복습하기

'이리 와 – 쥐기' 자세는 쿤닐링구스를 하는 중에 잠시 숨을 돌려 여성의 상체와 결합하면서 다른 방식의 자극을 즐기다가 다시 쿤닐링구스로 되돌아갈 수 있는 이상적인 방법이다.

행위 고조시키기 2
: 잇몸으로 자극하기

잇몸으로 누르기

입으로 클리토리스에 더 많은 압박을 가해야 할 순간이다. 훨씬 더 많이. 지금 이 순간에는 성적 반응 과정 속에서 여성이 오르가슴에 이르도록 클리토리스 머리에 대한 지속적인 자극이 무엇보다 중요한 요소가 되었다. 여성의 오르가슴에서 근본적으로 중요한 또 다른 세 가지 요소는 다음과 같다.

- 혀로 클리토리스 머리를 핥을 때의 리듬
- 클리토리스 다발에 자극을 주는 손가락의 안정된 자세
- 엉덩이를 받쳐주는 손

나아가 다음 행위까지 네 가지 요소가 합쳐짐으로써 여성

은 더욱 강렬한 오르가슴에 도달할 수 있다.

• 혀를 평평하게 편 채로 지긋이 누른다. 그런 다음 혀에 최
대한 힘을 모아 클리토리스 머리에 대고 누른다. 여성이 반
사적으로 외음부를 혀에 대고 밀어붙일 것이다.

이제 구강 자극의 중요한 요소인 '잇몸으로 누르기'를 소개
할 차례다.

• 윗입술을 말아 올리고 잇몸을 앞 맞교차(머리 바로 위에 있는 민감한
부분)에 대고 누른다. 잇몸을 드러내기 곤란한 사정이 있으
면 대신 윗입술을 이용한다.
• 가볍게 누르면서 시작하되 여성의 반응에 따라 조절한다.
앞 맞교차는 머리만큼 접촉에 민감하지는 않아도 클리토
리스 몸체가 그 밑을 지나고 있어 신경섬유가 풍부하게 분
포한다. 잇몸으로 누르기의 장점은 이 자세를 통해 여성의
앞 맞교차를 누르면서 혀로 머리, 소대, 포피, 그리고 소음
순을 쉽고 자유자재로 핥을 수 있다는 점이다.
• 평평하게 혀를 펴서 대고 있을 때처럼, 여성 스스로 속도와
리듬을 주도하게 만든다. 여성이 당신의 잇몸에 대고 오르
가슴으로 가기 위해 필요한 마찰을 일으키도록 한다.

아래에서 위로

잇몸으로 누르기를 할 때는 종종 잇몸에 가해지는 압력이 엄청나 약간의 통증을 느낄 수 있다. 특히 여성이 오르가슴에 이르고 있을 때 잇몸으로 누르기(위에서 아래로 접근법)를 잠시 쉬고 싶다면, 소대(머리 바로 아랫부분)를 누르는 것도 괜찮다. 다행히도 소대는 클리토리스 연결망의 다른 부분과 마찬가지로 신경말단이 풍부하게 분포되어 있고, 혀로 머리를 핥으면서도 쉽게 소대를 누를 수 있다.

- 엄지손가락으로 소대를 누르면서 그 아래 조직과 치골을 마사지한다. 핥으면서 엄지손가락 끝이 혀 바로 아래에 있는 데 주목하라.

실행 팁 소대(압박해야 할 중요 부분) 압박을 위해 진동기를 써보는 것도 나쁘지 않다. 진동기의 끝이 클리토리스 머리 아래에 편안하게 자리 잡아야 한다. 클리토리스 머리를 핥을 때 진동기의 끝은 혀 바로 아래에 있고(심지어 혀에 닿은 채 웅웅거릴 수도 있다) 진동기 몸체는 턱 아래에 놓이게 된다. 쿤닐링구스를 하면서 진동기를 쓰고 싶다면 부록의 '유용한 도구들'을 참조하라.

잇몸으로 앞 맞교차를 누르거나 엄지손가락 또는 진동기로 소대를 누를 때 중요한 점은 여성 스스로 마찰을 만들어낼 수

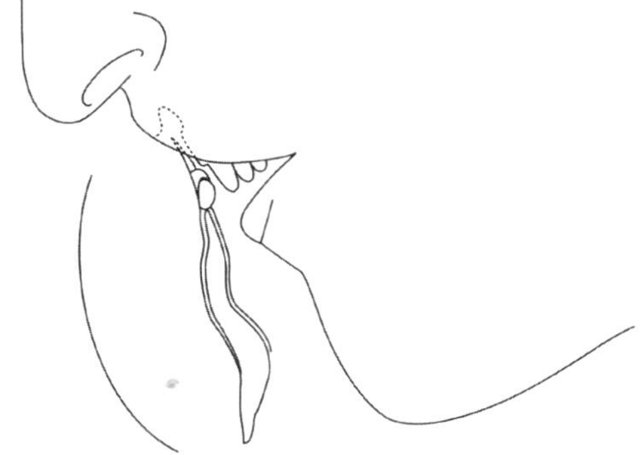

잇몸으로 누르기 자세

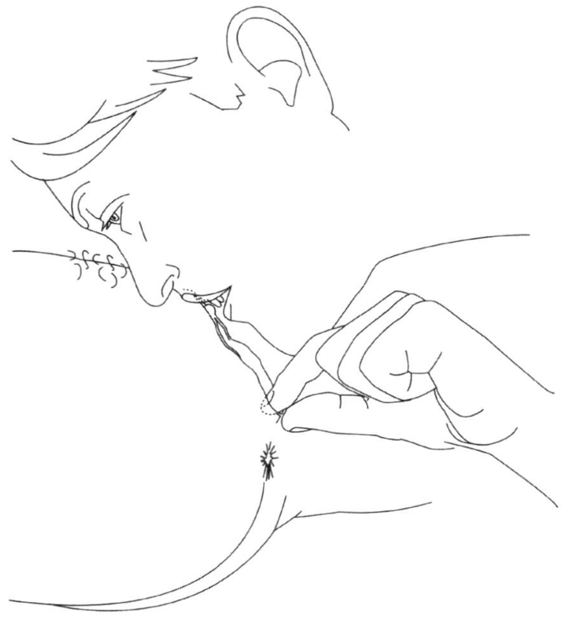

회음을 꼬집으면서 잇몸으로 누르기

있도록 저항점을 마련해주는 일이다.

결합해서 자극하기

이제 '이리 와 – 쥐기'와 결합하여 잇몸으로 누르기를 할 때이다. 여성을 전 오르가슴 단계로 이끌어가기 위해서는 클리토리스의 안과 밖 양쪽에서 집중적으로 자극을 주어야 한다.

- 잇몸으로 5~10초 동안 누르고 나서 혀 놀림에 변화를 준다. 왼쪽에서 오른쪽 수평으로 짧게 클리토리스 머리끝을 스치거나, 아래에서 위 수직으로 핥는다.
- 그 동안 손으로는 '이리 와 – 쥐기' 자세로 자극을 계속한다.
- 엄지손가락으로 소대를 누른다.
- 남는 손(엉덩이를 받치고 있는 손)을 써서 여성의 회음을 자극한다. 그 손이 여성의 두 볼기에 가로로 걸쳐 있으면 90도 돌려서 두 볼기 사이 틈새에 놓이도록 한다. 이제 그 손의 엄지손가락으로 바깥쪽에서 회음을 자극할 수 있다.

전에는 몰랐어도 이제는 프로처럼 작업할 수 있을 것이다. 당신은 클리토리스 연결망 위의 모든 부분(보이는 부분과 보이지 않는 부분)을 자극하여 흥분시킬 수 있다!

복습하기

1. 이 장에서는 클리토리스 머리 주위를 외부에서 압박하는 것의 중요성에 대해 살펴보았다.

2. 앞 맞교차를 잇몸으로 누르거나, 아니면 소대를 손가락 끝 또는 진동기로 자극하는 방식을 소개했다. 요점은 당신이 혀로 머리를 자극하는 동안 압박을 유지하면서 저항점을 제공하는 것이다.

3. 여성 스스로 속도, 리듬, 압박의 정도를 주도하도록 하라.

4. 마지막으로 여러 기법들, 즉 클리토리스 다발 자극을 위한 '이리 와 - 쥐기', 앞 맞교차 자극을 위한 잇몸으로 누르기, 머리 자극을 위한 혀로 핥기, 손가락으로 소대와 회음 자극하기 등의 조합에 이르렀다.

34

빨리 끝내려
하지 마라

질문 : 쿤닐링구스 과정을 빨리 끝낼 수 있는 방법은 없나요?

답변 : 무엇을 하든지 클리토리스 자극의 속도를 높여서는 안 됩니다. 여성들의 많은 불평 가운데 하나는 남성이 너무 빠르고 거칠게 오럴섹스를 한다는 점입니다. 그러므로 당신이 빨리 하고 싶어서 포르노 스타처럼 '혀를 가지고 섹스' 하거나 클리토리스를 빠르게 문지르면 전 과정이 틀어지게 될 뿐 아니라 심하면 여성을 아프게만 만드는 것입니다.

절대로 서두르는 듯한 모습을 보여서는 안 됩니다. 한숨을 쉬거나 헐떡이는 소리를 내서도 안 되고요. 화를 내거나 짜증을 내서도 안 되며 시계를 쳐다보는 일도 없어야 합니다. 그리고 '자, 어서'와 같은 말을 입에 올리지 마세요. 1부 19장에서

'쿤닐링구스주의자 선언'의 세 가지 확약으로 되돌아가서 두 번째 항목에 주목해주세요. "서두르지 않는다. 그녀는 전혀 급하지 않다. 당신은 매 순간을 음미하고 싶어한다."

쿤닐링구스와 관련해 여성의 가장 큰 걱정 중 하나가 너무 오랜 시간이 걸리지 않을까 하는 점임을 기억하세요. 그러므로 이 확약은 매우 중요합니다. 따라서 당신이 시간이 너무 늘어진다고 생각하는 것을 여성이 눈치챈다면 여성의 근심은 근거 있는 것이 되어버리는 것이죠.

이런 연유로 전희가 핵심적인 역할을 하게 되는 것입니다. 여성이 전희를 통해 성적으로 더 많이 흥분할수록, 더 쉽게 그리고 더 빠르게 오르가슴이 찾아옵니다. 시간을 재촉하기보다 당신이 제공하는 쾌락과 친밀함에 더 집중하세요. 또한 쿤닐링구스를 하는 중에 새로운 요소 또는 변화^(혀 놀림, 손가락 자극, 클리토리스 다발 또는 항문 자극)를 도입해야 하는 중요한 순간이 있습니다. 이 순간에 종종 속도가 빨라지면서 다음 단계로 넘어가게 됩니다.

남성이라면 여성의 성적 흥분 과정을 이해하고 다양한 테크닉을 써서 자극할 줄 알아야 함은 두말할 나위 없습니다. 속담에도 있듯이, "제때의 한 땀은 나중에 아홉 땀을 던다."라고 하잖아요.

그러나 일반적인 경험을 넘어 중요한 요인은 친밀함으로, 여성과 친밀한 관계를 맺음으로써 직감적으로 무엇은 해도 되고 무엇은 안 되는지 아는 것입니다. 헨리 데이비드 소로우는 이렇게 썼습니다. "이야기가 길어서가 아니라, 이야기를 짧게 만드는 데 오랜 시간이 걸린다."

쿤닐링구스에 대해서도 같은 말을 할 수 있습니다. 강력할 뿐만 아니라 긴 작업과도 버금가는 여운을 전해주면서 작업을 빨리 끝내기 위해서는 자신의 기술도 중요하지만 상대방에 대해서도 잘 알아야 합니다. 그리고 그런 내밀한 앎은 시간, 숙련, 헌신을 통해서만 얻을 수 있는 것이죠.

그녀의 오르가슴 1
: 흥분의 표시

이전까지는 흥분의 길을 따라가는 여정에서 여성의 오르가슴이 머나먼 곳에 있었다. 이제는 여설의 스카이라인 윤곽이 분명히 보이고, 중심가의 요동이 느껴진다. 도시에 막 진입한 것이다. 마침내 오르가즈모폴리스 입성을 환영한다!

눈에 보이는 흥분의 표시

섹스를 마치고 남성이 가장 많이 물어보는 질문은 아마, "어때, 좋았어?"일 것이다. 많은 남성에게 여성의 오르가슴은 미스터리이자 수수께끼다. 만질 수도 붙잡을 수도 없는 키메라(사자 머리와 염소 몸통에 뱀 꼬리를 단 그리스 신화 속 괴물 – 옮긴이)와도 같아서 바로 자기 눈앞에서 벌어지는데도 알아차리지 못한다.

여성이 오르가슴에 이를 때 정확히 무슨 일이 일어나는지 곧 살펴볼 것이다. 그러나 그 전에라도 안심해도 좋다. 여성이 흥분하는 과정에서 여성과 호흡을 잘 맞추고 손발이 잘 맞는다면, 오르가슴이 찾아오기 전에라도 임박한 절정을 알려주는 눈에 띄는 표시가 있을 것이다. 이러한 표시는 오르가슴 수축의 순간에 앞서는 오르가슴 접근 단계에서 가장 뚜렷하게 나타난다.

그렇다면 눈에 띄는 흥분의 표시는 무엇일까? 어떻게 여성이 오르가슴에 가까워지고 있는지를 알 수 있을까?

오랜 세월 동안 현자들은 이러한 질문에 대해 숙고해왔다. 그리고 《사랑과 섹스의 도 The Tao of Love and Sex》에서 저자 졸란 창은 우리에게 도가 사상가 우시엔이 제시한 '여성의 흥분을 알려주는 표시'를 알려준다.

1. 숨을 헐떡이며 목소리가 걷잡을 수 없이 떨린다.
2. 눈이 감기며 콧구멍이 넓어지고 말을 하지 못한다.
3. 남자를 똑바로 쳐다본다.
4. 귀가 빨개지고 얼굴이 상기된다. 혀끝이 약간 차가워진다.
5. 손은 뜨겁고 배는 따뜻하다. 여성의 말을 거의 알아들을 수 없다.
6. 넋이 나간 표정을 보이고, 몸은 젤리처럼 부드러우며, 팔다리가 축 처진다.
7. 혀 밑에 침이 말라 있고 몸을 남자에게 밀착한다.

8. 외음부가 요동치는 것이 느껴지고 분비물이 흐른다.

그래, 좋다. '혀 밑에 침이 마른다'는 사실은 알지 못할 수 있지만, 다음에 인용하는 것과 같은 사례는 쉽게 목격할 수 있을 것이다.

"그녀의 질이 조여드는 걸 느낄 수 있어요. 심장처럼 고동치기 시작해요."

"몸 전체가 경직되고 근육이 조여들어요. 움츠러들었다 풀어지고, 움츠러들었다 풀어지고, 특히 다리가 그래요."

"피부가 상기되고 몸 전체가 달아올라요."

"땀을 흘리기 시작해요."

"복근이 조여들어요."

"가슴이 부풀어 올라요."

"그녀의 맛이 달라집니다. 분비물이 진해지면서 달콤하고 따뜻해져요. 모든 자극에 열을 받아서 마치 냄비 안에서 끓어오르는 것 같아요."

"저를 꼭 붙잡고 놓아주지 않아요."

"저를 꼼짝도 못하게 해요."

"호흡이 점점 깊어지는데 마치 마라톤을 하고 있는 것 같아요."

"심장이 쿵쾅거리는 걸 느낄 수 있어요."

"제 머리와 귀를 붙잡기 시작해요."

"골반을 위로 올려요."

"제 몸에 바짝 붙어요."

"아랫입술을 깨물어요."

"저에게 이렇게 말하지요, '계속해, 계속해. 멈추지 말고.'"

"뭔가를 붙잡으려고 해요. 제 머리카락, 손가락, 이불 같은 거요."

"딴 세상에 있는 것 같아요. 완전히 넋을 잃고 말아요."

"얼이 빠진 채 뭔가 중얼거리는 것 같아요."

'90초'에 집중하라

쿤닐링구스를 하는 사람은 여성의 흥분을 쉽게 관찰할 수 있는 위치에 있다. 불이 켜져 있을 경우에는 더욱 그렇다. 특별히 주목할 만한 것은 소음순의 색깔이 짙어지고 윤기가 흐르면서 클리토리스 머리가 포피 안으로 움츠러드는 것이다. 이 두 가지 표시는 여성이 90초 이내에 절정에 오른다는 것을 나타낸다.

어둠 속에서도 클리토리스 머리가 움츠러든 것을 확인하기란 어렵지 않다. 머리가 완전히 발기하여 돌출되었을 때와 비교하면 음핵이 사라진 것을 쉽게 알 수 있다.

복습하기

이 장에서는 눈에 보이는 흥분의 표시에 대해서, 그리고 오르가슴에 도달하기 90초쯤 전에 어떤 상태가 되는지 식별하는 방법에 관하여 살펴보았다.

그녀의 오르가슴 2

: 자세 유지

자세 유지하기

오르가슴 접근 단계에서 가장 어려운 일은 그녀의 자세를 유지하면서 클리토리스가 남성의 입에서 떨어지지 않게끔 하는 것이다. 여성 앞에는 직선 코스가 놓여 있다. 그리고 당신은 여성이 트랙에서 벗어나거나 갑자기 진로를 바꾸지 않게 해야 한다. 많은 경우 여성은 오르가슴에 도달하기 바로 직전 진로를 이탈한다. 그러므로 남성은 끈질기게 자신의 역할을 해나가야 한다.

생각해보라, 아주 작은 부분(클리토리스 머리)이 또 다른 아주 작은 부분(혀와 잇몸)과 끈질기게 접촉을 유지해야 한다. 당신의 손이 여성을 단단히 붙들고 있지 않으면(한 손은 엉덩이 아래, 다른 한 손은 질 속에), 또한 당신의 입과 잇몸이 클리토리스를 자극하지 않으면,

요령 있게 리듬을 타면서 혀를 놀리지 않으면, 여성이 오르가 슴에 도달하리라는 기대는 물거품이 되어버리고 오르가슴으로 향하는 맥이 끊기고 말 것이다. 여성의 클리토리스가 진퇴양난의 위기에 빠지지 않도록 당신이 도와야 한다는 점을 명심하라.

- 여성이 오르가슴 단계에 진입하면 여성의 두 다리를 최대한 모은다. 이 자세는 골반 근육의 경련 상태로의 이행에 아주 수월하다. 다리가 너무 많이 떨어져 있으면 오르가슴이 아예 오지 않을 수도 있다. 다리를 모으면 혀로 여성을 자극할 수 없지는 않을까 걱정할 필요가 없어진다. 그래도 가능하니까. 이 시점에서는 더 조여들수록 좋다. 기억하라, 클리토리스 머리는 외음부 바깥쪽에 있고 질 안보다는 치구에 더 가까이 있다는 사실을.

- 이 자세에서는 모든 것이 좁혀지고 조여든다. 질 벽에 머물고 있는 손가락과 여성의 다리를 받치고 있는 팔의 모든 활동이 더 작은 반경에서 집중적으로 이루어진다. 곁에서 바라보면 둘이서 가만히 있는 것처럼 보일 수도 있다. 그런데 이 시점에서 해야 할 일은 여성을 잡은 손의 힘을 살짝살짝 빼가면서 폭풍 같은 그녀의 움직임이 억제되지 않도록 조절하는 것이다.

복습하기

이 장에서는 여성이 자세를 유지하는 것의 중요성에 대해 살펴보았다. 여성이 최대한 몸을 움직이지 않고 가만히 있도록 하는 데 집중하라. 또한 여성의 두 다리를 최대한 가까이 붙게 하라.

37 항문 자극하기

행위에 항문 유희로 양념을 쳐보자. 클리토리스와 항문은 회음을 통해 연결되어 있으며, 오르가슴에 도달하는 경우에는 골반 근육과 더불어 괄약근도 수축한다. 간단히 말해, 항문 주변 역시 성적 흥분 과정에 참여하며 클리토리스 망에 연결되어 있다. 쿤닐링구스의 모든 요소와 마찬가지로 항문 부분 역시 조금만 자극해도 큰 효과를 가져온다. 그동안 살펴보았던 다른 사항과 마찬가지로 삽입보다는 자극이 먼저다.

- 지금까지는 회음과 항문 주변을 자극했다. 이제 손가락 끝으로 항문을 살짝 어루만진 다음 안에다 집어넣어라. 손가락 끝부분만. 항문에 손가락을 넣자마자 손가락 주위로 그녀의 괄약근이 조여오는 것이 느껴질 것이다.

- 여성이 오르가슴을 느끼는 동안 이 자세를 유지한다.

실행 팁 항문을 자극할 때 준비해둔 윤활액을 손에 바른다. 보통은 윤활액이 필요치 않다. 여성 성기에서 흘러나온 액체의 일부가 자연스럽게 항문과 회음 부위로 흘러오기 때문이다. 그렇지만 준비해서 나쁠 건 없다.

- 항문을 자극할 때는 외음부 자극 때 이용하는 손가락을 써서는 안 된다. 항문에는 박테리아가 있기 때문이다. 가장 쓸 만한 것은 그녀의 엉덩이를 받치고 있는 손의 엄지다. 엉덩이를 받친 상태에서도 엄지 끝을 항문에 쉽게 넣을 수 있기 때문이다.
- 새끼손가락이나 넷째손가락을 이용할 수도 있다. 이 두 손가락은 손으로 외음부를 자극할 때 대체로 무시되므로 이들에게 임무를 맡겨도 괜찮다.

쿤닐링구스는 일반적으로 받아들여지는 형태의 성적 표현이다. 그러나 항문에 손가락을 살짝 넣는 것과 적나라한 항문성교 사이에는 엄청난 차이가 있긴 해도 항문 자극은 한계를 넘어서는 행위로 여겨지는 경우가 종종 있다. 처음 시도하는 상황이라면 손가락으로 주변을 조금만 간질이면서 항문에 '접근중이고 손가락을 넣을 것'이라는 분명한 암시를 주어야 한다. 그리고 여성이 조금이라도 불편해 하면 즉시 뺀다. 만족스러운 쿤닐링구스를 망쳐버릴 위험을 감수할 만한 가치는 없기 때문이다.

복습하기

이 장에서는 성적 흥분 과정에서 항문의 역할 및 쿤닐링구스와 더불어 할 수 있는 자극 유형에 대하여 살펴보았다. 다시 한 번, 삽입이 아니라 자극의 관점에서 접근하라. 항문 자극은 오르가슴의 질을 높일 수 있다는 장점이 있지만 지나치면 주의를 흐트러뜨릴 수 있다.

38

그녀의 오르가슴 3
: 혀 놀림

여성이 몸을 꿈틀거리며 오르가슴에 가까이 다가가는 중에라도 잠깐 열기를 식히고 차분해지는 순간을 갖도록 하라. 완전히 흥분에 휩쓸려 들어서는 안 된다.

삽입 성교와 비교해 쿤닐링구스의 장점 중 하나는 일을 치르는 동안 남성이 차분하게 통제력을 발휘할 수 있다는 점이다. 남성이 흔히 범하기 쉬운 실수는 열정에 열정으로 맞서는 것이다. 막바지로 들어가기 직전까지 와서는 잠깐의 실수로 혼란에 빠지는 일이 없어야 한다.

차분한 혀 놀림

조금은 어려울 수 있지만 이제 당신의 혀를 차분히 가라앉힐 시간이다. 혀 놀림이 작고 가벼울수록, 오르가슴 직전의 강렬한 흥분 상태가 연장되면서 성적 긴장이 쌓인다.

- 리듬을 타며 수직으로 핥고 있다면, 리듬상의 생략을 통해 핥기에 변화를 주어본다. 예를 들어, 1-2-3-4, 1-2-생략-4 또는 1-생략-2-생략, 1-생략-2-생략.
- 수직으로 핥는 중에 수평으로 가로지른다. 쿤닐링구스 시작 때 장난기 있게 했듯이 마무리도 그렇게 할 수 있다.
- 속도를 늦추고 여성의 오르가슴이 당신에게 전해지도록 하라. 그녀에게 장난치듯 몸을 달게 해 오르가슴을 끌어내라. 장난기는 여성의 오르가슴을 촉발할 뿐만 아니라 오르가슴 수축을 더욱 강렬하게 만든다.

다음은 침착하게 여성의 오르가슴을 유도하는 세 가지 창의적인 기법이다.

잭슨 폴록처럼 핥기

화가 잭슨 폴록에 대하여 전해 내려오는 이야기 한 편이 있다. 어느 날 한 신문기자가 폴록을 찾아와서는 작품을 둘러보고 추상적인 얼룩들에는 흥미가 없다는 듯이 말했다.

"저건 예술이 아닙니다. 원숭이라도 그렇게 할 수 있어요."

폴록이 물감통에 붓을 담그더니 능숙한 솜씨로 손목을 흔든 다음 신문기자에게 문 쪽을 가리키며 나가라고 말했다. 그런데 폴록이 가리킨 문의 손잡이 한가운데에 물감 한 점이 찍혀 있었다.

- 폴록이 칠하던 방식에 따라 그녀를 핥아보라. 폭넓게 핥기, 정확한 목표 핥기, 뱀처럼 덮치기(혀의 평평한 면으로 시작하고 혀끝으로 끝낸다). 폴록처럼 당신이 겨냥하는 것이 무엇인지를 확실히 알도록 하라. 열정을 바탕으로 하되 정확성을 잃지 마라.

개구리처럼

수련 잎 위에 앉아 있는 개구리의 모습을 상상하라. 조용히 참을성 있게 앉아 있다가 순식간에 혀를 쏘아서 먹이를 낚아챈다. 개구리가 된 것처럼 혀로 클리토리스 머리를 가로채라. 쿤닐링구스에서는 분명히 덜 할수록 더 많이 하는 것이다. 멈춰 있다가 갑자기 접촉하는 이 테크닉이 그것을 증명한다.

혀끝으로 마무리 자극하기

인상주의 화가 조르주 쇠라는 수백만은 아니지만 수천 개의 작은 색점으로 대상을 창조하는 '점묘법'을 개척했다. 쇠라가 메마른 경치를 의기양양하게 묘사했듯이 당신의 캔버스에 잘 고안한 몇 가지 자극을 시도하여 마무리지어라. 작은 붓 같은 혀끝을 이용하여 색점들을 가미해 당신의 창작 대상이 활짝 피어오르게 하라.

이제 경련을 동반한 수축이 시작되고 되풀이되는데, 이는 여성이 오르가슴에 도달했다는 신호다. 당신과 둘이서 정열적으로 쌓아놓은 긴장이 이제 막 풀려 나오려고 하는 순간이다.

마스터스와 존슨이 전 오르가슴 또는 자신들이 '고조기'라 칭한 단계에 관하여 말하기를, 여성은 쌓아올린 성적 긴장에서 비롯된 심리적이고 생리적 힘을 모아 마침내 세 번째 국면, 즉 오르가슴 단계으로 도약한다. 성적 긴장을 표출하는 오르가슴 단계에서 여성은 자신의 모든 육체적·정신적 힘을 쏟아붓는다.

복습하기

이 장에서는 여성이 오르가슴에 다가가는 순간의 작고 가벼운 혀 놀림이 갖는 역할에 대해 살펴보았다. 이 작은 몸짓들은 남성의 잇몸이 여성의 앞 맞교차에 가하는 압박과 대조를 이룬다. 이들은 오르가슴의 마지막 단계를 고조시키고 연장시켜줌으로써 성적 긴장을 높이는 데 크게 기여한다.

39 그녀가 불편해 한다면

때로 쿤닐링구스를 통해 오르가슴에 이르지 못하기도 하는데, 이때 삽입 성교로 전환하지 않으면 오르가슴 접근 단계에서 그만 꺼져 내릴 수도 있다. 이렇게 되는 데에는 여러 원인들이 있다.

- 여성은 삽입 성교야말로 오르가슴에 이르게 하기에 적절한, 또는 유일한 방법이라는 생각을 가지고 있을지 모른다.
- 여성은 남성의 입에 사정하는 것을 불편하게 생각할 수 있다.
- 단지 여성의 몸이 이런 방식으로 오르가슴에 이르는 데 익숙지 않은 것뿐일 수 있다.

나탈리 엔지어가 썼듯이, 여성의 정신적 기질과 클리토리스 능력 사이의 밀접한 관계로 볼 때 클리토리스가 기쁨으로 고동치기 위해서는 뇌와 서로 연결되어야 한다. 뇌는 몸의 균형을 잡으면서 자전거 타기를 배우듯이 그 작은 막대(클리토리스 - 옮긴이) 타는 법을 배워야 한다. 그리고 일단 배우고 나면 그 기술은 잊혀지지 않는다.

대부분의 여성은 일관되게 오르가슴에 이를 수 있는 '배선'을 자위행위를 통해 형성한다. 그런 상태에서 일관되지 못한 삽입 성교에 불만족스럽긴 해도 적응한다. 그리고 많은 남성은 여성의 성적 반응 전 과정에서 대체로 혀를 이용하지 않기 때문에 쿤닐링구스를 통해 오르가슴에 이르는 배선을 형성하지 못하고 있다.

그나마 다행스러운 일은 어렵지 않게 변화를 가져올 수 있다는 것이다. 그러므로 여성에게 믿음을 줘서 이 과정을 편안히 받아들이도록 한다. 당신이 이 방법으로 오르가슴을 이끌고 싶어하며, 그것을 얼마나 좋아하는지 여성에게 알려준다. 여성으로 하여금 이 과정을 경험해볼 수 있는 기회를 주고, 처음 시도하여 오르가슴에 이르지 않더라도 초초해 하지 않는다. 여성에게 필요한 만큼 자극을 주면 그녀는 분명히 오르가슴에 도달하게 될 것이다.

그러나 여성이 여전히 삽입 성교를 고집한다면 삽입으로 자연스럽게 이어질 수 있다는 확신을 심어줘라. 삽입 성교로의 전환이 매우 쉽기 때문에 그때까지 타고 왔던 리듬을 잃어버리 거나 차근차근 쌓아놓은 성적 긴장을 날려버리는 일은 없을 것 이다. 이 주제에 관해서는 42장에서 다시 다룰 것이다.

오르가슴과 관련된 어휘

어휘력을 향상시키면서 여성의 오르가슴에 관해 한두 가지를 배워보자.

라블레시언Rabelaisian

정의 : 라블레 또는 그의 저작 같은 ; 활기찬 상상과 캐리커처를 특징으로 하는.

사례 : "그녀가 오르가슴으로 고함을 지르는 바람에 사방의 벽이 흔들렸다. 너무 그래서 그 남성은 그녀의 비명이 진짜라기보다 라블레풍Rabelaisian이 아닌지 의심했다."

1994년 쉬어 하이트의 조사에 따르면, 반 이상의 여성이 오르가슴을 가장했으며 42퍼센트만이 남성 파트너와 함께 오르가슴에 도달했다고 보고했다. 더 최근의 연구에 따르면, 행위 때마다 지속적으로 오르가슴에 이르는 것은 아니라는 여성의 수가 58퍼센트나 되었다.

여성이 오르가슴을 가장하고 있는지 여부를 알아내는 가장 좋은 방법은 진짜 오르가슴이 어떤 것인지를 아는 것이다. 여성의 성적 흥분 과정에 대해 많이 알고 장단을 맞추는 데 능한 쿤닐링구스 애호가에게 이는 생각보다 쉬운 일이다. 우리가 앞서 살펴보았던 대로 성적 흥분의 모든 단계에 걸쳐, 특히 오르가슴 직전에 눈에 띄게 드러나는 흥분의 표시가 있다. 이에는 다음과 같은 것들이 포함된다.

- 호흡이 가빠진다.
- 체온이 상승하고 심장박동 수가 늘어난다.
- 근육이 몹시 긴장된다.
- 복근이 조여든다.
- 골반 근육이 요동친다. 골반에 힘이 들어간다.

오르가슴 접근 단계에서 이러한 표시를 볼 수 있는데, 주로 경련과 함께 골반이 요동치는 듯한 성기 주변의 수축을 통해 여성의 오르가슴을 인식할 수 있다.

- 오르가슴을 통해 성적 긴장이 풀리면서 여성의 질과 자궁이 수축하는데, 평균 10~15회 수축하며 매 수축에 걸리는 시간은 대략 10분의 8초 정도다. 괄약근 또한 2~5회 수축한다. 이러한 측정치를 바탕으로 판단했을 때 여성의 오르가슴은 평균 10~20초 지속된다.
- 성기와 직장에 일어나는 수축은 팔, 다리, 목, 얼굴 등 몸 전체에 걸쳐 많은 근육들이 움츠러들었다 풀리면서 생기는 경련의 일환이다. 심지어 발가락조차도 앞으로 휘어든다.
- 오르가슴을 느끼는 중에 호흡이 빨라지고 맥박 수가 치솟는다(분당 110~180회 사이).
- 어떤 경우에는 여성이 맑은 액체를 분출하기도 한다.

실행 팁 진짜 오르가슴인지 궁금하면 여성의 젖꼭지가 도드라져 있는지 확인해보라. 젖꼭지가 곤두서 보일 수 있지만, 실은 젖꽃판이 평소보다 내려앉은 것이다. 오르가슴의 또 다른 표시는 얼굴의 '홍조'가 사라지면서 그 자리에 땀으로 이루어진 얇은 막이 생기는 것이다.

여성의 오르가슴을 대하는 한 가지 방식은 오르가슴이 작용이라기보다 반작용이라고 생각하는 것이다. 흥분 과정에 쌓인 모든 성적 긴장이 자기도 모르게 풀려 나오면서 마침내 무방비 상태로 무너져 내리는 것이다. 중요한 것은 오르가슴과 관련해서는 어떤 여성도 같지 않다는 점이다. 개인의 체험이 저마다 독특하기 때문에 많은 섹스 치료사는 '오르가슴 지문감 식'이라는 용어를 쓰기까지 한다.

또한 오르가슴에는 일관된 구조가 있다고 할 수 있다. 여성들은 대개 갑작스러운 감각의 '중단' 상태를 체험하고 곧 이어서 강렬한 수축이 뒤따른다. 이 수축은 점차 느려지면서 단조롭고 무딘 골반의 요동으로 이어지다가 마침내 사그라진다.

다시 여성이 오르가슴을 꾸며낸 것인지 어떻게 알 수 있을까 하는 질문으로 되돌아가 보자. 많은 여성은 골반 근육의 수축과 같은 오르가슴의 특징을 모방할 수 있다. 하지만 두드러진 다른 특징과 함께 20초 이내에 8~10회의 골반수축을 만들어내기란 쉽지 않다. 사실, 일부 섹스 치료사는 오르가슴을 느끼는 데 곤란을 겪는 여성에게 그렇게 해볼 것을 권한다. 오르가슴을 꾸며내는 행위를 통해 몸을 자극하여 진짜 오르가슴을 느끼도록 하는 것이다.

여성은 기쁨을 주기 위해 남성을 바보로 만들면서까지 오르가슴의 특징을 흉내내거나 꾸며서 보여줄 수 있다. 그러나 사실 대부분의 여성은 그럴 듯하게 오르가슴을 연기하며 성가셔 할 필요가 없다는 것 또한 알고 있다. 결론을 말하자면, 많은 경우 소음과 격정은 결국 교묘한 속임수일 뿐이다. 너무 일반화하는 것 같지만 소리를 지르고 채찍질하는 사람은 대체로 속이는 쪽이다.

오르가슴은 그냥 생기는 것이 아니다. 그것은 당신이 하루 종일 쓰고 있던 문장 마지막에 감탄 부호를 찍는 것이다. 마지막 느낌이 과장되고 거저 얻은 것같이 느껴진다면 실제로 그럴 가능성이 높다.

코에주터 Coadjutor

정의 : 도와주는 사람, 조수.

사례 : "파트너를 만족시키는 데 있어 충실하고 부지런한 조수로서, 여성이 쾌락으로 몸부림칠 때 그는 무엇을 해야 할지 정확히 알고 있었다."

여성이 오르가슴 수축기에 진입하면 유지하고 있던 작업에 완전히 집중해 저항점을 계속 제공한다. 여성이 오르가슴에 이르러 골반이 요동치는 것이 느껴진다. 그러면 충격 흡수장치와도 같이 여성의 움직임을 당신의 몸으로 받아들여서 기분 좋은 진동의 형태로 그녀를 향해 되돌려라. 에너지 사용을 억제하여 천천히 방출되도록 한다. 오르가슴이 한 번에 빠르고 격렬하게 폭발하지 않도록 하며, 길고 부드러운 진동 속에서 천천히 오르가슴을 이끌어낸다.

침착하고 냉정한 마음가짐을 유지하는 것도 필요하다. 지금 이 순간의 격정에 휩싸여 평정심을 잃어서는 안 된다. 곧 당신 차례가 올 것이다. 그 전에 일단 시작한 일부터 마무리해라.

~~~

여성이 완전히 멈출 때까지 기다리자! 성적으로 흥분하면 남성이 '사정이 불가피한' 지점, 즉 돌이킬 수 없는 시점에 도달하는 반면, 여성은 오르가슴이 급격히 멈추지 않도록 하기 위해 오르가슴을 느끼는 도중에도 지속적인 자극을 필요로 한다.

~~~

오르가슴 직전의 순간을 오르가슴 자체와 혼동하기 아주 쉽다. 여성은 오르가슴을 느끼기에 앞서 작고 점증하는 쾌락의 물결에 휩싸이며, 이 물결이 오르가슴의 모습을 띨 수도 있다. 오르가슴을 향해 나아가고 있지만 아직 정점에 이르지는 않았다. 골반이 요동치지만 아직 자신도 모르게 경련이 일어나는 상태로는 들어서지 않았다.

실제 오르가슴이 일어날 때면 이전의 리듬은 깨진다. 이 순간에는 마치 비행기가 착륙하면서 바퀴가 활주로에 닿는 순간의 흔들림 같은 격렬한 경련과 전율이 따른다. 오르가슴은 그

정점에서 약 10~20초 동안 지속된다. 그러나 전 과정은 등골
이 오싹하는 스릴을 오가며 몇 분 동안 지속될 수도 있다.

아포자투라 Appoggiatura

정의 : 꾸밈, 장식. 멜로디의 중요한 마디에 앞서 연주되는 음
악. 보통 주요 마디 연주시간의 4분의 1 이하의 시간이 걸린다.

사례 : "입으로 자극을 받은 결과 여성이 절정에 이르면, 작
지만 매우 효과적인 꾸밈을 통해 끼어들어 더 큰 체험으로 고
양할 수 있다."

여성이 삽입 성교로 오르가슴에 이르면 페니스 주변에서
수축이 일어나는 것이 느껴지는데, 이때 쾌락의 물결을 높이기
위해 클리토리스와 꾸준히 접촉하는 것 외에는 할 수 있는 일
이 거의 없다. 그러나 쿤닐링구스라면 쾌감을 증폭시키기 위해
혀를 이용할 수 있다는 장점이 있다.

• 여성이 오르가슴에 이르면서 수축이 시작되면(대략 10~20초
  간 지속된다) 클리토리스 머리를 향해 가볍게 장난치듯이 잽을
  날린다. 짧게 수직으로 머리를 핥다가 가끔 대각선으로 핥
  는다. 늘 그렇듯이 침착하고 부드럽게 한다. 이러한 '꾸밈
  음'은 혀를 이용한 가벼운 장난인데, 오르가슴의 결을 거스

르는 것이다. 이를 테면 길 위의 돌출물이라고 생각할 수 있다. 그것이 여성을 방해하지는 않지만 그녀가 느끼는 것만은 분명하다.

여유를 가져라. 모두 4~6회 이상 접촉할 필요는 없다. 각각의 혀 놀림마다 충격과 대조를 가져다줄 것이다. 그러면 쾌락의 한계를 초월하여 마침내 모든 성적 긴장이 완전히 고갈되듯 여성의 몸에서 빠져나올 것이다. 간단히 말해, 혀를 이용해서 마지막 한 조각의 쾌락까지도 짜내야 한다.

앤프랙추어스 Anfractuous

정의 : 굴곡이 많은, 구불구불한.

사례 : "그녀를 흥분시키는 과정에 너무나 굴곡이 많았고, 그 여정이 너무나 어지럽고 우회가 많아서, 그녀의 마지막 수축이 잦아들었을 때조차 그는 그녀가 완전히 만족했는지 확신할 수 없었다."

여성 몸의 긴장이 풀리고, 호흡이 느려지고, 수축이 메아리처럼 멀어지는 것이 느껴지면 절정이 끝난 것이다. 여성이 당신 눈앞에서 녹아내리듯 행복에 겨워하는 것처럼 보일 것이다. 이때 여성의 성기, 특히 클리토리스 머리는 오르가슴을 통해 너무나 민감해져 있어 조금만 건드려도 움찔한다. 그녀가 당신의 혀 놀림을 더 이상 감당할 수 없을 만큼 자극하라. 그 순간 여성은 당신의 머리에 손을 얹어놓거나 부드럽게 밀쳐냄으로써 신호를 주기도 한다. 그러면 눈치를 채고 머리를 든다. 그러나 이것으로 끝난 것이 아니다.

다중 오르가슴

: 그녀는 다시 느낀다

"그것은 순수한 본능이다. 알맞은 리듬에 맞춰 커튼이 내려
온다. 연기를 끝낼 때다."

- 해럴드 핀터

"예술의 시작은 위대하다. 그러나 예술의 끝맺음은 더욱 위
대하다."

- 토마스 풀러

앞으로 알게 되겠지만, 여성의 오르가슴이 먼저라는 철학
을 선택할 때 얻을 수 있는 가장 큰 기쁨 가운데 하나는 성행위
를 하면서 여성이 지속적으로 오르가슴을 느낀다는 점이다. 나
아가 여성의 오르가슴 뒤에 당신의 오르가슴을 놓으면 여성의

더 많은 오르가슴 체험의 문이 열린다.

사실 여성이 두 번째 오르가슴에 이르는 것은 훨씬 쉬운 일이다. 성기가 이미 충혈되어 있는 데다가 몸속에는 여전히 섹스할 때 생기는 화학물질로 가득하기 때문이다. 나탈리 엔지어가 여성의 오르가슴에 관해 쓴 바로는, 첫번째 오르가슴에 이르기까지는 시간이 좀 걸리지만, 일단 오르가슴에 도달하면 이 활기찬 등산가는 날개를 단다. 그녀는 또 다른 정상에 오르기 위해 애써 내려갈 필요가 없다. 기쁨이라는 기류를 탄 채 맹금처럼 활공하기만 하면 된다.

사실 말로는 쉽지만 실제로는 어렵다. 보통 남성에게는 한 번의 오르가슴조차 뭔가 신비스러워 보이는데 다중 오르가슴이라는 생각은 스핑크스의 수수께끼와도 같다. 남성은 흔히 다중 오르가슴을 경험하는 여성의 잠재력은 그녀만의 '특별한 능력' 또는 '독특한 능력'과 관련 있을 뿐 자신과는 상관이 없다고 생각하는 경향이 있다. 할 수 있거나 할 수 없는 사람은 여성이다.

<hr>

《섹스 : 남성을 위한 지침서》가 인용한 위스콘신 대학의 연구결과에 따르면, 다중 오르가슴을 체험한 여성의 파트너는 대체로 여성이 먼저 첫 오르가슴에 이를 때까지 자신

의 오르가슴을 미루었다는 것이다.

다시 말해 진실은 대부분의 여성이 다중 오르가슴을 경험할 수 있는데, 그 오르가슴은 전적으로 남성과 관련이 있다는 것이다. 하지만 너무 걱정할 필요는 없다. 그녀가 첫 오르가슴에 이를 수 있다면 두 번째 오르가슴도 어렵지 않게 올 수 있기 때문이다.

많은 여성이 남성과 성행위를 하면서 두 번째 또는 세 번째 오르가슴에 이르지 못하는 이유는 첫번째 오르가슴에 이르지 못하는 이유와 같다. 클리토리스에 적절한 자극을 주지 않았으며, 남성의 오르가슴을 지연시키지 않았기 때문이다.

그러나 여성이 당신과의 성행위시 다중 오르가슴을 체험하지 못한대서 아예 그것을 경험하지 못하는 것은 아니다. 대부분의 여성이 자위행위를 통해 쉽게 다중 오르가슴을 체험할 수 있기 때문이다. 마스터스와 존슨은 어떤 여성은 진동기를 이용해 50회 연속해서 오르가슴에 이를 수 있다는 사실을 발견했다! 그 여성은 다중 오르가슴을 느끼기 위해 자위행위 중 뭔가 '특별한' 행동을 한 것이 아니라 그저 필요한 만큼 클리토리스에 집중적으로 자극을 준 것뿐이다.

다중 오르가슴을 느낄 수 있는 타고난 생물학적 능력은 여성이 오르가슴에 도달한 이후 해소 기간을 보내고 흥분 전 상태로 돌아가는 방식과 많은 관련이 있다. 남성은 빠르게 발기력을 잃고 이른바 불응기(다시 발기할 수 있을 때까지 거쳐야 하는 기간)에 진입하지만, 여성의 성기는 흥분 전 상태로 돌아가는 데 시간이 훨씬 적게 걸린다(적어도 5~10분). 게다가 클리토리스에는 혈액을 모아 발기상태를 유지하는 메커니즘인 정맥총Plexus Venosus이 없다. 정맥총은 남성의 폭발적인 오르가슴과 정액 주입 과정에 중요한 요소다.

여성을 두 번 이상 오르가슴으로 이끌고 싶다면 먼저 키스, 포옹, 부드러운 애무 등의 전희 활동으로 돌아가야 한다. 그녀를 따뜻하게 해주고, 흥분시키되 성기에 강한 자극을 주기 전에 약간의 틈을 두어야 한다(기억하라. 몸의 다른 부분과는 달리 클리토리스, 특히 머리 부분은 오르가슴에 이른 후에는 몹시 민감하다). 방금 지나온 흥분으로부터 정신을 차리고 열기를 식힐 시간을 갖도록 한다. 두 사람 모두 성기 자극에 준비된 상태라면 손으로도 혀로도 할 수 있으며, 또는 페니스로 할 수도 있다. 매사에는 적절한 때와 장소가 있다.

그리고 삽입 성교에 알맞은 순간은 여성이 첫 오르가슴에 이른 다음이다. 여성이 이미 한 번 오르가슴을 느꼈다는 단순한 이유 때문이 아니라 이렇게 흥분한 상태에서 두 번째 오르가슴에 이를 가능성이 훨씬 더 크기 때문이다.

42

삽입 성교
직전의 자세

삽입 성교로 전환하기 전에 쿤닐링구스를 통해 여성을 최대한 오르가슴 직전의 상태로 이끌어간다.

여성 상위

일단 여성에게 우월한 자세, 즉 여성 상위 자세를 시도한다. 이것은 다음과 같은 이유로 그녀에게 이상적인 자세가 된다.

- 남성의 치골에 클리토리스를 대고 알맞은 양의 압박을 줄 수 있다.
- 페니스로 클리토리스 다발을 자극할 수 있다.
- 리듬과 속도를 조절할 수 있다.
- 오르가슴으로 가는 과정을 조절할 수 있다.

마스터스와 존슨에 따르면, 여성 상위의 성교는 다른 어떤 자세보다 더 빠르고 강렬하게 클리토리스의 반응을 가져올 수 있다.

또한 여성이 상위에 있으면 남성이 페니스를 덜 밀치기 때문에, 여성이 좀더 쉽게 자신의 오르가슴 시기를 조절할 수 있다.

CAT 체위

일명 고양이 체위Coital Alignment Technique, CAT 자세라고도 하는데, 이 체위는 성기 삽입을 통해 여성의 오르가슴을 촉진하고 정상 체위, 즉 남성 상위 체위를 개선하기 위해 고안된 자세다. 이 자세는 남성이 평소보다 높은 각도로 삽입하여 페니스의 밑동과 치골을 이용해 여성의 클리토리스를 압박하는 것이다. CAT 자세로 섹스할 때 염두에 두어야 할 것은 클리토리스와의 지속적인 접촉이다. 전반적인 움직임을 보면 남성의 밀치기보다는 남녀가 동시에 앞뒤로 흔들면서 클리토리스와 페니스 밑동의 접촉에 집중하는 것이다.

43 그녀와 동시에 오르가슴 이르기

동시에 오르가슴 이르기를 원할 수도 있다. 그녀가 오르가슴의 절정에 올랐을 때 남성 자신도 동력을 얻어 오르가슴에 이르고 싶다면 페니스 밑동과 치골을 클리토리스에 맞춰 흔들면 된다.

그러나 지나치게 독창적이 되려고 해서는 안 된다. 동시에 오르가슴에 이르는 능력은 종종 헌신적인 관계에서 생기는 직감에서 온다. 미혼여성은 3명 중의 2명 미만인 데 비해 기혼여성은 4명 중의 3명이 성관계를 하며 오르가슴에 이른다. 기혼여성이 미혼여성에 비해 성공적인 것은 기혼여성이 파트너와 서로의 몸을 이해하고 무엇이 되고 무엇은 안 되는지 잘 알고 있기 때문이다.

이러한 의미에서 헌신적인 관계에서는 서로가 되풀이하여

기쁨을 누린다. 당신은 어떻게 만족시키는지 배워야 하는 것이 아니다. 그건 이미 알고 있기 때문에 생각할 필요가 없다. 이런 무아지경에서는 남성 자신의 몸을 신뢰하는 편이 낫다. 당신의 몸이 서로 쾌락을 얻을 수 있는 방법을 찾을 것이며, 그러는 중에 더욱 순수하게 섹스를 즐길 수 있다.

키르케고르는 자신의 책에서 이렇게 말했다. "희망은 손가락 사이로 빠져나가는 매력적인 처녀다. 회상은 아름답지만 당장에는 쓸모없는 나이 든 여인이다. 반복은 아무래도 질리지 않는 사랑스러운 아내다."

기혼이든 미혼이든 섹스의 즐거움은 반복의 가치를 인정하는 데서, 즉 이미 가지고 있는 것을 즐기는 데서 온다.

44 추가 유희를 잊지 마라

대부분의 위대한 드라마 작품은 절정에 이른 다음에 질서와 균형이 회복되면서 종결된다는 느낌을 준다. 때로는 한순간의 짤막한 장면으로 끝맺는데, 예를 들면 해가 저물 무렵 차를 몰고 가는 장면 같은 것이다. 그러나 그 짧은 순간 우리는 고요한 느낌, 모든 것이 다 잘 되었다는 편안한 느낌으로 마음이 충만해진다. 이런 의미에서 우리의 체험은 아직 끝나지 않았다.

입으로 하든 성기로 하든 한 차례의 멋진 섹스도 이와 다르지 않다. 오르가슴이라는 대단한 절정에 이르고 나면 제자리로 돌아와 조용히 쉬는 시간이 필요하다.

직설적으로 말하자면, 일을 치르고 나서 바로 드러눕거나 일어나서 냉장고로 가지 말라는 얘기다. 각자 오르가슴에 도달했다고 해서 유희 과정이 끝난 게 아니다. 전희 과정에 15분 이상을 들였듯이 추가 유희에도 그 정도 공을 들여야 한다.

스너글 갭에 빠져들지 마라. 서로 껴안고 있든, 키스하거나 만지거나 그저 말만 하든, 추가 유희란 서로 결합해 있는 것이다. 추가 유희는 드러누워 잠을 자거나 잠자리에서 빠져나와 '중요한' 전화를 거는 것이 아니다.

성과학의 개척자인 테오도르 반 데 벨데의 말을 빌리면, 어떤 남성이 '성적으로 문명화된' 성인인지는 오르가슴이 끝나고 난 순간에 보이는 태도를 통해서 알 수 있다.

공들여 만들어놓은 빛나는 순간에 바로 찬물을 끼얹지 마라. 추가로 15분을 할애해 포옹하고 달콤한 말로 속삭이는 것이 섹스의 '빅 리그'로 가는 성공가도이다. 반면 왔다가 그냥 가버리는 것은 실패로 가는 지름길이다.

이 순간을 가볍게 여기지 마라. 집중해서 결합 상태를 유지하라. 석양을 향해 함께 나아가며 용감하게 새로운 새벽을 맞을 준비를 하라.

섹스의 재구성

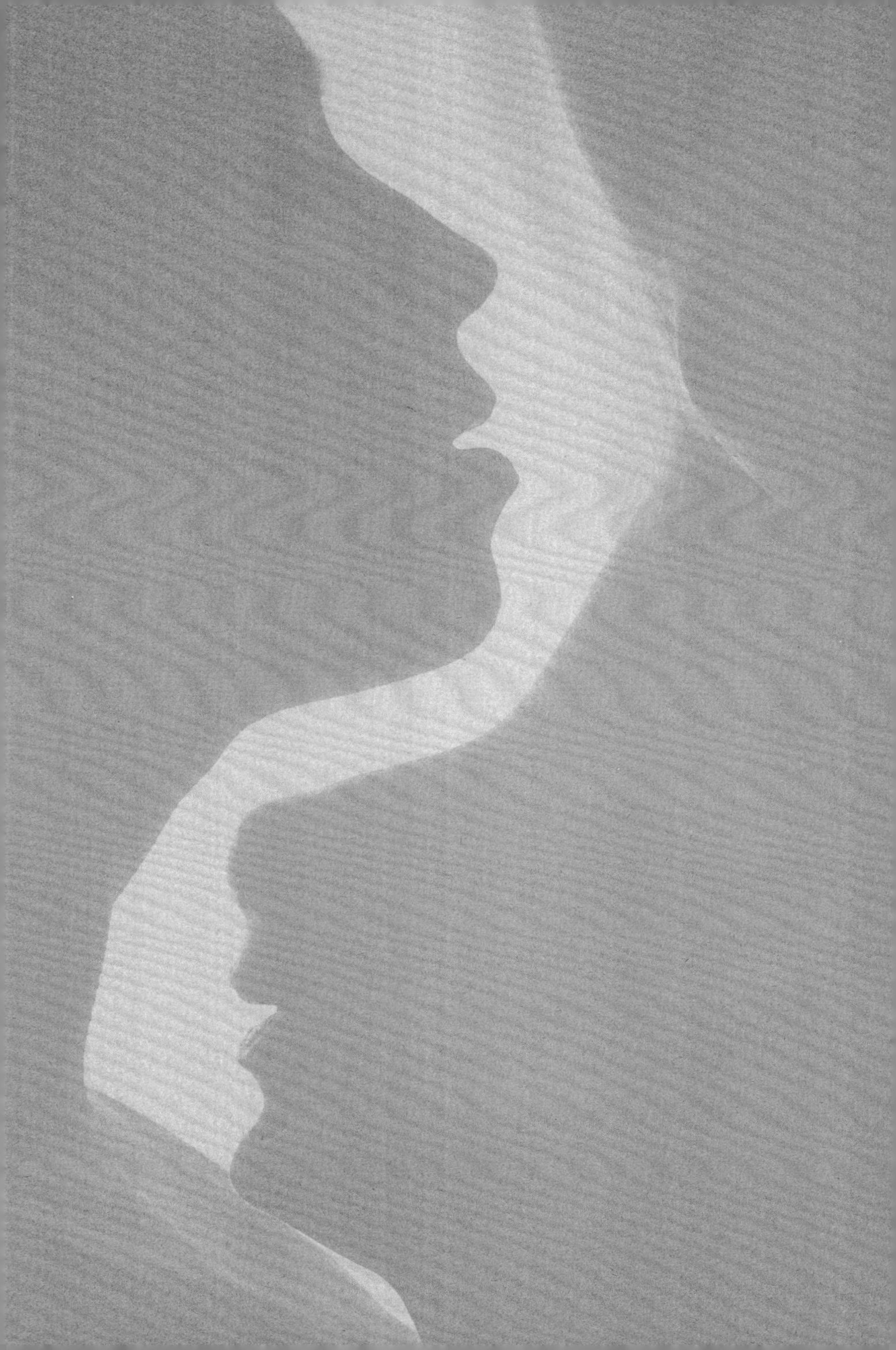

45

스타일의
본질

"믿음으로 충만하고, 목적의 힘으로 고양되었으며, 문법 규칙으로 무장한 여러분은 이제 자신을 드러낼 준비가 되었다."

-《문체의 기본 원칙》

여러분은 여성 성기에 대한 해부학적 지식 및 흥분 과정에 대한 이해를 갖추고, 여성을 자극하는 다양한 테크닉에 숙달한 상태다. 이제 멋들어진 한 편의 쿤닐링구스 작품을 실현하고자 모험을 떠날 때 다음을 기억해야 한다.

- 여성이 충분히 흥분하도록 한다. 전희를 통해 성적 긴장의 기초를 튼튼히 마련하라.
- 여성 성기에 첫 키스를 하기 전 두 사람 모두 성적 흥분의

전 과정에 걸쳐 유지할 수 있는 편안한 자세를 취해야 한다.

- 오럴테크닉에서는 삽입보다 자극에 더 치중한다. 부드럽고 리드미컬한 혀 놀림을 구사하라. 여성의 오르가슴에 기여하는 민감한 신경말단 모두가 바로 당신의 혀끝에 있다는 점을 기억하라.

- 쿤닐링구스를 할 때면 세 가지 확약을 끊임없이 상기하라. 1) 여성의 아래 품을 향해 내려가면 당신은 흥분한다. 그녀만큼이나 당신도 이것을 즐긴다. 2) 서두르지 않는다. 그녀는 전혀 급하지 않다. 당신은 매 순간을 음미하고 싶어한다. 3) 그녀의 냄새는 도발적이고, 맛은 강렬하다. 모두가 동일한 아름다움의 근원으로부터 발산하여 나오는 것이다.

- 손가락을 쓸 때면 찔러대는 일이 없도록 한다. 클리토리스 다발 같은 중요한 부분을 손끝으로 누르는 데 집중하라.

- 평평하게 편 채로 지긋이 있는 혀의 미덕을 기억하라. 고요함이 움직임보다 더 효과적이다.

- 확신을 가지되 자만해서는 안 된다. 단순하면서도 겸허한 접근이 화려한 것보다 효과적이다.

- 쿤닐링구스는 남성이 여성에게 하는 것이 아니라 여성과 함께 하는 것이다. 여성 스스로 몸을 움직여 필요한 마찰을 일으키도록 유도하라.

- 여성이 오르가슴에 근접하면 클리토리스와의 접촉을 유지

하라. 외음부와 접촉하면서 여성의 두 다리를 최대한 가까이 붙인다.

- 침착함을 유지하고 집중한다. 실수로 그녀의 오르가슴이 달아나지 않도록 하라.
- 여성이 오르가슴에 도달하면 가벼운 혀 놀림을 가미하여 오르가슴 수축을 연장한다.
- 시작한 것을 마무리한다. 쿤닐링구스는 시작, 중간, 끝을 가진 완결된 과정이다.
- 여성이 한 차례 오르가슴을 경험했다고 끝난 것이 아니다. 한 번이든 여러 번이든 여성이 오르가슴에 도달하고 나면 함께 흥분 상태에서 돌아오도록 하라.

가장 중요한 것은 당신의 행위와 방법보다는 당신이 누구인가 하는 것에서 당신의 스타일이 정해진다는 점이다. 이 책에 설명된 테크닉에 대하여 어떤 여성도 동일한 반응을 보이지 않듯이, 어떤 남성도 동일한 방식으로 적용하지 않을 것이다.

초급에서 고급까지

지금부터는 단계별로 설명한 핵심 유희의 테크닉을 하나로 통합된 과정(초급에서 고급에 이르기까지) 속에서 보게 될 것이다. 이러한 과정은 목표가 아니라 이 기법들이 하나의 쿤닐링구스 행위로 어떻게 매끄럽게 통합될 수 있는지를 보기 위한 것이다. 부록의 빈 양식을 복사하여 자신만의 실행절차를 만드는 데 이용하는 것도 바람직하다.

특정한 테크닉을 통합적으로 실행할 때는 지금까지 배워온 주요 요소를 염두에 두어야 한다. 통합적인 실행의 전체적인 구조 구축에 이 요소들의 역할이 중요하기 때문이다. 이 구성요소에는 다음과 같은 것이 포함된다.

• 10개의 민감 부위에 대한 자극 : 클리토리스 머리 및 포피,

치구, 클리토리스 다발, 앞 맞교차와 클리토리스 몸체, 소대, 소음순, 질구, 음순 소대, 회음, 항문.
- 6개의 주요 단계 : 첫 키스, 리듬 타기, 긴장 쌓기, 긴장 고조, 오르가슴 접근, 오르가슴
- 세 '주역들' : 혀, 손가락, 손
- 다양한 '조연들' : 잇몸, 페니스(선택), 보조기구, 결박도구(선택 : 부록 참조)

쿤닐링구스 초보자라면 부록의 '처녀 키스' 편으로 가서 질의응답 부분을 보라. 시작 단계에서는 단순한 혀 놀림에 집중하고 점차 혀와 손을 함께 써본다. 중요한 것은 오르가슴이 아니라 쾌락을 목표로 접근하면서 무엇이 되고 무엇은 안 되는지 지켜보는 일이다.

만일 '중급' 실력을 지니고 있다면, 혀와 손으로 함께 작업하고 클리토리스 다발과 같은 내부를 포함하여 클리토리스 연결망의 모든 측면을 자극하는 데 집중한다. 또한 여성의 성적 흥분 과정에 보조를 맞추고 오르가슴을 더욱 풍부하게 만든다. 여성을 매번 오르가슴에 이르게 하는 능력을 배양하고 그녀의 오르가슴이 클리토리스에 대한 종합적인 자극의 결과가 되도록 한다.

만일 '고급' 실력을 지니고 있다면, 테크닉과 직관의 융합

이라는 관점에서 실행의 폭을 확장하는 새롭고 독특한 접근방식을 시도해본다. 또한 여성을 다중 오르가슴의 길로 이끌면서 당신의 절정과 동시에 오르가슴에 이르도록 한다.

중요한 구성 요소들을 바탕으로 적절한 선택을 통해 자신만의 과정을 만들어간다. 이런 방식으로 당신이 이용하는 테크닉들이 부분들의 총합보다 더 큰 하나의 전체를 만드는 것이다.

47 여성을 만족시키는 예시 모델

절차 1 (초급 레벨)

여기 소개되는 것은 초급 절차로서 초급자가 기본적인 혀 놀림에 익숙해지도록 함을 목적으로 한다. 손가락 작업을 최소화하고 성적 반응의 관찰을 권장한다.

1단계 : 첫 키스(1분 미만)

혀 : 길고 완만한 혀 놀림. 아래에서 위로, 최대한 가볍고 부드럽게.

손 : 양손을 엉덩이 아래에 두고 다리를 약간 벌린다. 단단히 붙잡는다.

2단계 : 리듬 타기(3~5분)

혀 : 수직으로 반 핥기(5회). 이어서 길게 핥으며 클리토리스 머리를 스친다. 소음순과 소대에 집중한다. 머리를 스칠 때는 반만 핥지 말고 길게 그리고 완전히 핥는다.

손가락 : 검지의 일부만 질구에 넣는다.

손 : 손가락을 넣기 위해 한 손을 엉덩이 밑에서 빼낸다. 나머지 한 손은 양쪽 볼기에 걸치면서 단단히 잡는다.

3단계 : 긴장 쌓기(5~10분)

혀 : 수직으로 핥다가 수평으로 바꿔 핥는다. 수직으로 핥을 때는 클리토리스 머리는 건드리지 말고 밑동만 스친다. 수평으로 핥을 때 머리를 스친다. 수직으로 5회 핥고 나서 수평으로 1회 핥는다.

손가락 : 한 손가락을 질 속에 넣어둔다. 골반 근육을 느껴본다. 다른 손가락으로는 외음부와 회음을 쓰다듬는다.

손 : 자세를 유지한다.

4단계 : 긴장 고조(3~5분)

혀 : 수직과 수평으로 핥기를 계속한다. 클리토리스 머리를 누른다.

손가락 : 질구에 두 번째 손가락을 넣은 후 손가락으로 질 천장을 누른다. 클리토리스 다발을 더듬는다.

손 : 양쪽 볼기에 걸치고 엉덩이를 받치면서 엄지로 회음을 자극해본다.

5단계 : 오르가슴 접근(3~5분)

혀 : 혀를 클리토리스 머리에 대고 누른다. 누르는 데 집중하되 저항점을 제공하면서 혀 놀림을 늦춘다. 여성으로 하여금 혀에 대고 움직이게 한다.

손가락 : 두 손가락을 넣고(위를 향하도록) 엄지로 소대를 누르며 필요한 만큼 압박한다. 손가락을 넣어 두되 엄지로 소대를 누르는 것이 우선임을 잊지 않는다.

손 : 한 손으로 엉덩이를 받치고 클리토리스와의 접촉을 유지한다. 여성의 자세를 유지한 채 두 다리를 붙인다. 여성의 허벅지 안쪽이 질구에 들어간 손을 압박해야 한다.

6단계 : 오르가슴(1분 이내)

혀 : 클리토리스 머리를 핥는 데 집중하며 여성이 당신을 밀쳐내는 것을 느낀다. 압박을 유지한다. 오르가슴 수축을 관찰하며 계속 자세를 유지한다. 수축이 있은 후에는 머리를 한 번만 가볍게 핥는다. 접촉할 때 그녀는 움츠러들 것이다.

손가락 : 골반 근육이 요동치는 것을 느낀다. 엄지로 소대를 누르는 데 집중한다.

손 : 여성이 오르가슴 수축으로 경련할 때 자세 유지에 집중한다. 한 손으로 엉덩이를 받쳐 위로 누르고 머리와 혀의 정렬이 흐트러지지 않도록 한다.

●**논평** : 성적 흥분 과정을 관찰하고 당신의 혀에 여성이 어떻게 반응하는지 알게 된다. 부드럽고 천천히 혀를 움직여야 함을 잊지 마라. 너무 빨리 음핵을 지나치게 자극해서는 안 된다. 끝날 무렵에 여성이 리듬을 확보하고 당신을 향해 움직이도록 한다. 마지막 오르가슴 중에 클리토리스와의 직접적인 접촉을 유지할 수 있게 여성의 자세를 고정시켜야 한다. 필요하다면 손가락과 함께 진동기를 쓰도록 하고, 혀 놀림에 집중한다.

절차 2 (초급 레벨)

이 절차에서는 주로 절차 1의 혀 놀림을 유지하되 손가락과 잇몸을 더 잘 이용한다.

1단계 : 첫 키스(1분 미만)

혀 : 길고 완만한 혀 놀림. 아래에서 위로. 최대한 가볍고 부드럽게.

손가락 : 손가락 작업에 쓸 손으로 치구를 누르면 질구가 조여든다.

손 : 다른 한 손은 엉덩이 아래에 둔다. 손가락으로 회음을 누른다.

2단계 : 리듬 타기(3~5분)

혀 : 수직으로 반만 핥되 5회 반복하고 이어서 길게 핥으면서 클리토리스 머리를 스친다. 소음순과 회음에 집중한다. 머리를 핥을 때는 반만 핥지 말고 완전히 길게 핥는다.

손가락 : 한 손은 엉덩이 아래에 두고 엄지로 회음을 누른다.

3단계 : 긴장 쌓기(5~10분)

혀 : 수평과 수직 핥기를 교대로 한다. 수직으로 핥을 때는 클리토리스 머리를 건드리지 말고 밑동만 스친다. 수평으로 핥을 때에만 머리를 스친다. 수직으로 5회 핥은 후 수평으로 1회 핥는다.

손가락 : 한 손 가락(검지) 일부만 질구에 넣는다. 혀로 핥는 중에 검지로 질 바닥, 천장, 왼쪽, 오른쪽 벽을 훑는다. 질 천장의 클리토리스 다발과 바닥의 회음조직을 오래 움켜잡는다.

손 : 자세를 유지하면서 엄지로 회음을 누른다.

4단계 : 긴장 고조(3~5분)

혀 : 앞 맞교차에 잇몸 또는 윗입술을 대고 누른다. 수직과

수평으로 핥는다.

손가락 : 질구에 두 번째 손가락을 넣고, '이리 와' 자세로 질을 훑는다. 클리토리스 다발을 굳게 움켜쥔다. 손가락을 돌려서 회음을 움켜쥔다.

손 : 엉덩이를 지탱하면서 양쪽 볼기에 걸치고 엄지로 항문을 쓰다듬는다.

5단계 : 오르가슴 접근(3~5분)

혀 : 앞 맞교차를 잇몸 또는 윗입술로 지그시 누른다. 여성이 마찰을 일으키게 한다. 클리토리스 머리에 대한 혀 놀림을 더욱 집중하되 혀끝으로 머리를 강하게 누른다.

손가락 : 손가락 끝으로 클리토리스 다발을 붙잡는다. '이리 와' 자세로 클리토리스 다발을 접촉하면서 엄지로 소대를 자극한다.

손 : 자세를 유지하면서 항문을 자극한다.

6단계 : 오르가슴(1분 미만)

혀 : 혀를 클리토리스 머리에 대고 누르는 데 집중한다. 잇몸을 그녀의 움직임에 대한 저항점으로 삼는다.

손가락 : 여성의 오르가슴 수축을 느끼면서 손가락 끝으로 클리토리스 다발과 소대를 누른다.

손 : 여성이 오르가슴 수축으로 경련을 일으킬 때 자세를 유지하는 데 집중한다. 손으로 엉덩이를 받쳐 들면서 머리가 혀와 닿도록 한다.

◉ **논평** : 이 절차에서는 잇몸과 손끝으로 누르는 힘을 늘리는 데 집중한다. 누르는 힘과 혀 놀림 사이의 균형을 이해해야 한다.

절차 3 (중급 레벨)

이제부터는 더욱 복잡한 혀 놀림을 소개하고 손가락을 더 많이 이용할 것이다. 또한 항문 자극을 도입할 것이다. 이 절차는 중요한 부위를 모두 자극한다는 점에서 기본이 될 만한 것이다.

1단계 : 첫 키스(1분 미만)

혀 : 야금야금 갉아먹듯이 첫 키스를 한다. 클리토리스 머리를 핥기 전에 소음순을 핥는 데 시간을 할애한다.

손가락 : 첫 키스를 하는 동안 회음을 움켜쥔다. 검지로는 안쪽을, 엄지로는 바깥쪽을 잡는다.

손 : 엉덩이를 지탱한다. 손끝으로 마사지한다.

2단계 : 리듬 타기(3~5분)

혀 : 수직과 수평을 교대로 핥는다. 대각선으로 핥기를 시작
한다.

손가락 : 한 손가락으로 클리토리스 다발을 자극한다. 소대
뒷부분은 검지로, 바깥부분은 엄지로 마사지한다.

손 : 엄지로 회음을 누른다.

3단계 : 긴장 쌓기(5~10분)

혀 : 잇몸으로 누른다. 새로운 혀 놀림을 도입한다(문학적으로 핥
기 또는 쉽게 해치우기). 교대해가며 혀를 평평하게 편 채로 대고 있거
나 클리토리스 머리를 부드럽게 핥는다.

손가락 : 두 번째 손가락을 질 속에 넣는다. 손가락 끝으로 클
리토리스 다발을 움켜쥐되, 손가락 끝을 올려 질 천장을 누른
다. 엄지로 소대를 계속 자극한다.

손 : 자세를 유지하며 엄지로 회음을 누른다.

4단계 : 긴장 고조(3~5분)

혀 : 전 단계를 지속하되, 잇몸으로 누르기를 확장한다. 앞니
로 앞 맞교차와 클리토리스 머리끝을 비빈다. 클리토리스 주변
을 앞니로 누른다.

손가락 : '이리 와 – 쥐기'로 주요 부위를 계속 자극한다(소대, 클
리토리스 다발).

손 : 손은 양쪽 볼기에 걸쳐 엉덩이를 받치면서, 엄지로 항문 주위를 쓰다듬는다.

5단계 : 오르가슴 접근(3~5분)

혀 : 잇몸으로 지그시 누른다. 혀 놀림에 더 많은 변화를 주고 리듬을 예측하기 어렵게 만든다. 불협화음의 요소를 과정에 도입한다.

손가락 : 자세를 유지하면서 손끝의 접촉을 지속하고 클리토리스 다발을 마사지한다.

손 : 엄지 끝을 항문에 넣는다.

6단계 : 오르가슴(1분 미만)

혀 : 잇몸으로 지그시 누른다. 오르가슴 수축을 느끼면서, 오르가슴이 고조되도록 경쾌하고 풍성하게 핥는다.

손가락 : 오르가슴 수축을 느끼면서, 손가락 끝으로 클리토리스 다발을 계속 누르며 엄지로는 회음을 누른다.

손 : 다리를 모으고 클리토리스와의 접촉을 유지하며 엄지 끝으로 항문을 누른다. 골반저 근육과 괄약근이 수축하는 것을 알 수 있다.

● 논평 : 이 절차에서는 모든 요소가 다 동원된다. 특히 한

손으로는 클리토리스 다발과 소대를 자극하고 다른 손 엄지로 항문을 자극한다. 또한 혀 놀림에 변화를 주고 리듬을 예측할 수 없게 만들어 여성이 몸달게 함으로써 과정에 박차를 가한다. 오르가슴 중에는 압박을 지속하면서 경쾌한 혀 놀림으로 과정을 증폭시킨다.

절차 4 (중급 레벨)

절차 3에서 기술된 기본적인 테크닉에 계속 이어진다.

1단계 : 첫 키스 (1분 미만)

혀 : 야금야금 갉아먹듯이 키스한다. 클리토리스 머리에 키스하기 전에 소음순을 핥는 데 시간을 들인다. 또는 길고 완만한 핥기로 돌아간다.

손가락 : 첫 키스 하는 동안 회음 조직을 움켜쥔다. 검지를 안쪽에, 엄지를 바깥쪽에 놓는다.

손 : 엉덩이를 받치고 손가락 끝으로 쓰다듬는다.

2단계 : 리듬 타기 (3~5분)

혀 : 수직과 수평 교대로 핥는다. 대각선으로 핥기를 시작한다.

손가락 : 엄지와 검지로 회음을 움켜쥔다 (회음 움켜쥐기).

손 : 여성을 옆으로 눕히고 다리를 벌린다.

3단계 : 긴장 쌓기(5~10분)

혀 : 여성을 옆으로 눕히고 다리를 벌린 채 안쪽을 핥는다. 소대 안쪽 핥기에서 시작해 바깥으로 나와서는 클리토리스 머리에서 끝낸다.

손가락 : 두 번째 손가락을 넣고 회음을 강하게 쥔다.

손 : 여성이 옆으로 누운 자세를 유지하는 동안 엄지 끝을 항문에 넣는다.

4단계 : 긴장 고조(3~5분)

혀 : 정상 자세로 돌아와 잇몸으로 누른다. 앞니로 앞 맞교차와 클리토리스 머리끝을 비빈다. 클리토리스 부위를 앞니로 누른다.

손가락 : ‘이리 와 – 쥐기’ 자세로 소대와 클리토리스 다발을 움켜쥔다.

손 : 두 볼기를 받치면서 엄지로 항문 주위를 쓰다듬는다.

5단계 : 오르가슴 접근(3~5분)

혀 : 잇몸으로 지그시 누른다. 다양한 혀 놀림을 구사하면서 리듬을 예측할 수 없게 만든다. 과정에 즉흥성을 부여한다.

손가락 : 세 번째 손가락을 질 속에 넣는다. 자세를 유지하면서 손끝의 접촉이 끊이지 않게 하고 클리토리스 다발을 마사지

한다. 여성으로 하여금 검지에 소대를 두드릴 수 있게 한다.

손 : 엄지 끝을 항문에 넣는다.

6단계 : 오르가슴(1분 이내)

혀 : 잇몸으로 지그시 누르는 자세를 유지한다. 오르가슴 수축을 느끼면서 경쾌한 혀 놀림으로 오르가슴을 풍성하게 고조시킨다.

손가락 : 오르가슴 수축을 느끼면서, 검지 끝으로 클리토리스 다발을 누르고 엄지 끝으로는 소대를 누른다.

손 : 다리를 모아 클리토리스와의 접촉을 유지하면서 엄지 끝을 항문 속에 둔다. 여성이 오르가슴을 느끼는 동안 항문을 마사지하다가 수축이 진행될 때 슬쩍 빼낸다.

◉논평 : 이 절차에서는 '긴장 쌓기' 단계의 자세에 변화를 주어 클리토리스 다발을 핥을 수 있었다. 또한 여성이 오르가슴을 겪는 동안 항문을 마사지했다.

절차 5 (고급 레벨 : 희롱하기)

절차 4의 변형과 중급의 기본절차를 마스터한 만큼, 이제 자신만의 절차를 만들어야 할 때다. 새로운 기법을 개발하고 높은 숙련을 요하는 창의적인 접근법을 추구한다.

여기서는 전적으로 혀 놀림과 클리토리스 연결망 상의 눈에 보이는 부분을 자극하는 접근법을 시도한다. 간단히 말해 손가락을 쓰지 않는다. 또한 외음부 표면에 가해지는 혀 놀림은 최대한 가볍고 부드러워야 한다. 이러한 방식으로 여성을 희롱함으로써 아주 천천히 오르가슴에 이르게 할 수 있고, 그 오르가슴은 날카롭고 경쾌하며 클리토리스 내부를 손으로 자극할 때 느끼는 충만함과는 다르다.

- 과정 중에 손가락을 넣어서는 안 되고 손을 이용하여 여성의 자세 및 외음부가 혀에 닿는 각도를 다양하게 바꾼다.
- 두 손으로 여성의 다리를 들어올리고 엉덩이를 받친다. 또는 다리 하나를 들어올린다. 여성을 옆으로 돌아 눕힌 다음 다리를 올리고 질 천장과 클리토리스 다발을 핥는다.
- 그러나 대체로 표면에 머문다. 실제로 핥기보다는 최대한 핥기에 가까워지려고 하면서 클리토리스 머리를 스친다.
- 엄지로 대음순을 열고 클리토리스 머리와 포피를 완전히 드러낸다. 그리고 주위를 혀로 핥는다.
- 이러한 접근방식은 여성을 고통스러울 만큼 안달이 나게 만든다. 가볍게 핥는 사이사이 여성이 갖다 댈 수 있도록 혀를 펴둔다. 그러나 마찰 또는 저항이 생겨 손가락이나 잇몸을 이용한 것과 같은 효과가 나서는 안 된다.

- 일단 여성이 오르가슴 접근 단계에 진입하면(얼마간 지속될 수 있다), 여성의 다리를 최대한 가지런히 모으고 외음부와 접촉을 유지하면서, 한 손을 엉덩이 아래 놓는다.
- 자유로운 다른 손으로 여성의 치구를 누르면서 질구를 조인다. 오르가슴에 오를 때까지 클리토리스 머리를 가볍게 핥는다.

절차 6(고급 레벨 : 쿤닐링구스의 도)

대체로 도가의 섹스 지침은 삽입 성교를 위해 고안된 것이며, 몇 가지 중요 원칙을 강조한다. 남성의 사정을 늦추고 여성의 만족을 강조, 통제 및 사정의 억제(섹스할 때마다 사정하지는 않는다), 오르가슴이 사정과 동일한 것이 아니라는 점 이해하기 등이다. 이 마지막 원칙은 남성이 오르가슴에 오르는 순간 사정을 참는 것을 권장한다는 점에서 남성과 관련이 많다. 만일 남성이 '다중 오르가슴'을 느끼고 멈추지 않고 밤을 지새웠다면 이는 일반적으로 여러 차례 사정했다는 말이 아니라 사정 직전에 물러서기를 반복했다는 말이다.

여성은 진정 다중 오르가슴에 오를 능력을 지니고 있기 때문에 오르가슴 직전에 물러선다거나 오르가슴 접근 단계와 오르가슴을 구별하는 일은 그다지 중요치 않다. 그렇지만 오르가슴 접근 단계에서 보내는 시간을 늘림으로써 오르가슴을 더욱 강렬하게 만들 수 있다. 그러나 과정을 지연시키려고 애쓰기에 앞서 여성을 오르가슴에 이르게 하는 능력을 가지고 있어야 한다. 쿤닐링구스의 도에서는 남성이 여성을 오르가슴 접근 단계에 최대한 오래 머물도록 하되, 오르가슴 수축을 촉발하지 않으면서 이에 근접하는 데 집중한다.

- 여성이 오르가슴 접근 단계에 접어들기 전 가벼운 결박도구를 사용해보는 것도 괜찮다. 반드시 필요한 것은 아니지만 분명히 재미와 흥분을 더해줄 것이며, 이 절차의 취지에도 부합한다.
- 일단 여성이 오르가슴 접근 단계에 돌입하고 오르가슴 수축이 일어나기 직전이라고 느끼면 클리토리스에 대한 압박을 줄이고 속도를 늦춘다. 혀 놀림을 완전히 중단한다.
- 외음부부터 3~5초 동안 입을 뗐다가 다시 압박을 가한다.
- 클리토리스 다발에 대해 '이리 와 – 쥐기' 자세를 유지해도 되지만 그 강도를 줄인다.
- 혀 놀림을 중단했다가 다시 오르가슴 직전까지 가서 강도를 낮춘다. 최대한 오르가슴 수축 직전까지 갔다가 물러선다. 사실은 첫번째 수축까지 갔다가 물러서도 된다. 여성의 오르가슴은 중단되지 않지만, 몇 초 후 혀 놀림을 다시 시작할 때 폭발할 수도 있다.

- 여성을 오르가슴에 이르게 하려면, 잇몸으로 지그시 누르면서 '이리 와 – 쥐기' 자세와 더불어 강한 혀 놀림으로 압박한다.

- 또한 페니스를 여성의 다리에 문지르다가 물러서는 방법을 통해 당신 자신도 오르가슴에 가까이 다가갈 수 있다. 조루증이 있다면 이 방법으로 지구력과 자제력을 키울 수 있다. 여성의 다리에 문지름으로써 과정을 더 잘 통제할 수 있고 실제로 사정하지 않으면서 오르가슴에 근접할 수 있다.

그녀와 지울 수 없는 사랑을 해라

밀란 쿤데라의 책《참을 수 없는 존재의 가벼움The Unbearable Lightness of Being》의 영화판에 가슴 아픈 장면이 나온다.

젊은 부부인 토마스와 테레사는 1960년대 소련의 점령과 억압이 시작될 무렵 프라하에 살고 있었다. 토마스는 언제나 열렬하게 여성 꽁무니를 쫓아다녔고, 결혼 후에도 다른 여성들과의 에로틱한 모험을 그만둘 수 없었다. 그는 가볍고 자유롭게 살았으며, 결혼생활은 얄팍하고 텅 비어 있었다. 테레사는 토마스에 대한 사랑의 무거움 속에 갇힌 채 토마스의 '가벼움' 때문에 고통받았다.

제네바로 이민 갈 기회를 얻은 이들 부부는 새 출발을 할 수 있을지도 모른다고 생각했다. 그러나 토마스의 열정적으로 바람 피우는 생활이 계속됨으로써 테레사는 크게 실망했다. 더 이상 견딜 수 없던 테레사는 어느 날 충동적으로 토마스를 떠나 혼자서 불운한 프라하로 돌아온다.

테레사가 떠나고 나서야 마침내 토마스는 테레사 없이는 자신의 인생이 공허함을 깨닫는다. 그리하여 토마스는 프라하로 돌아간다는 어려운 결정을 내린다. 영구히 가난 속에 살고, 다시는 외과의사로 일하지 못하고, 말할 자유도 없고, 선택할 자유도 없이 살기로. 간단히 말해, 토마스는 어찌할 수 없는 삶의 무거움을 받아들인다. 토마스는 체코슬로바키아 국경을 넘어가면서 자신의 여권을 국경 경비대에 완전히 넘겨버린다.

프라하로 돌아온 토마스는 자신의 낡고 어둡고 허름한 아파트로 온다. 그곳에서는 테레사가 누워 자고 있다. 그들은 눈물에 젖어 서로 포옹한다. 그리고 그날 밤 처음으로 사랑을 나눈다. 물론 그들은 셀 수 없이 많이 섹스를 했다. 그러나 진정 사랑을 나눈 것은 이번이 처음이었다. 그들의 결합은 마침내 성스러운 차원에 도달한다. 테레사와 함께하기로 한 토마스의 희생으로 잉태되어 서로에 대한 참된 사랑의 무거움으로 완성된다.

쿤데라가 설명하는 바로는, '참을 수 없는 존재의 가벼움'이라는 제목은 니체의 철학에 대한 사색에서 나온 것이다. 니체에 따르면 우리는 삶의 매 순간을 영원히 반복할 것을 선고받은 것처럼 살아야 한다. 우리는 매 순간을 영원한, 변치 않는 예술작품을 만들고 있는 것처럼 살아야 한다.

물론 말처럼 쉽지는 않다. 매 순간을 영원히 지울 수 없는 것처럼 살 수는 없다. 그건 너무 어려운 일이고 인생이 너무 무거워진다. 대신 우리는 탈출을 시도하여 가벼운 느낌으로 살 수 있다. 목표를 연기하고, 단조로운 삶을 살고, 사소한 것들에 정신이 팔리고. 하지만 마음속 깊이 삶을 더 충만하게 살 수 있는 잠재력이 있음을 알고 있다. 그러면 가벼움은 무거운 의미에 의해 잠식되고 존재의 가벼움은 참을 수 없게 된다.

성적인 모험과 수많은 연인에도 불구하고 토마스는 오랜 세월이 흐른 뒤에야 마침내 사랑할 수 있게 된다. 토마스는 의미 없는 관계의 가벼움에 등을 돌리고 헌신적인 관계의 무거움을 수용함으로써 비로소 사랑할 수 있었다.

우리는 매 순간을 영원히 반복하는 것처럼 살 수는 없을 테지만, 그런 식으로 사랑은 할 수 있다. 우리는 서로 원하고 있음을 의식하며 사랑하는 사람에게 키스할 수 있다. 조용한 호수 위에 던져진 조약돌 하나가 영원히 진동을 일으킬 것처럼. 테레사의 품에 돌아온 토마스처럼, 우리 존재의 무거움과 실체를 모두 걸고 우리는 완전히, 지울 수 없게 사랑을 나눌 수 있다.

조지 버나드 쇼가 말했다. "당신이 나를 사랑한다면, 나는 해와 별을 당신에게 내주겠어요. 나는 한순간에 당신에게 영원을 주겠어요. 산같이 쥐는 힘을 당신의 팔에, 모든 바닷물을 당신 영혼의 울림에 주겠어요.”

여성이 먼저 오르가슴에 이를 때, 그녀는 영원히 당신에게로 올 것이다.

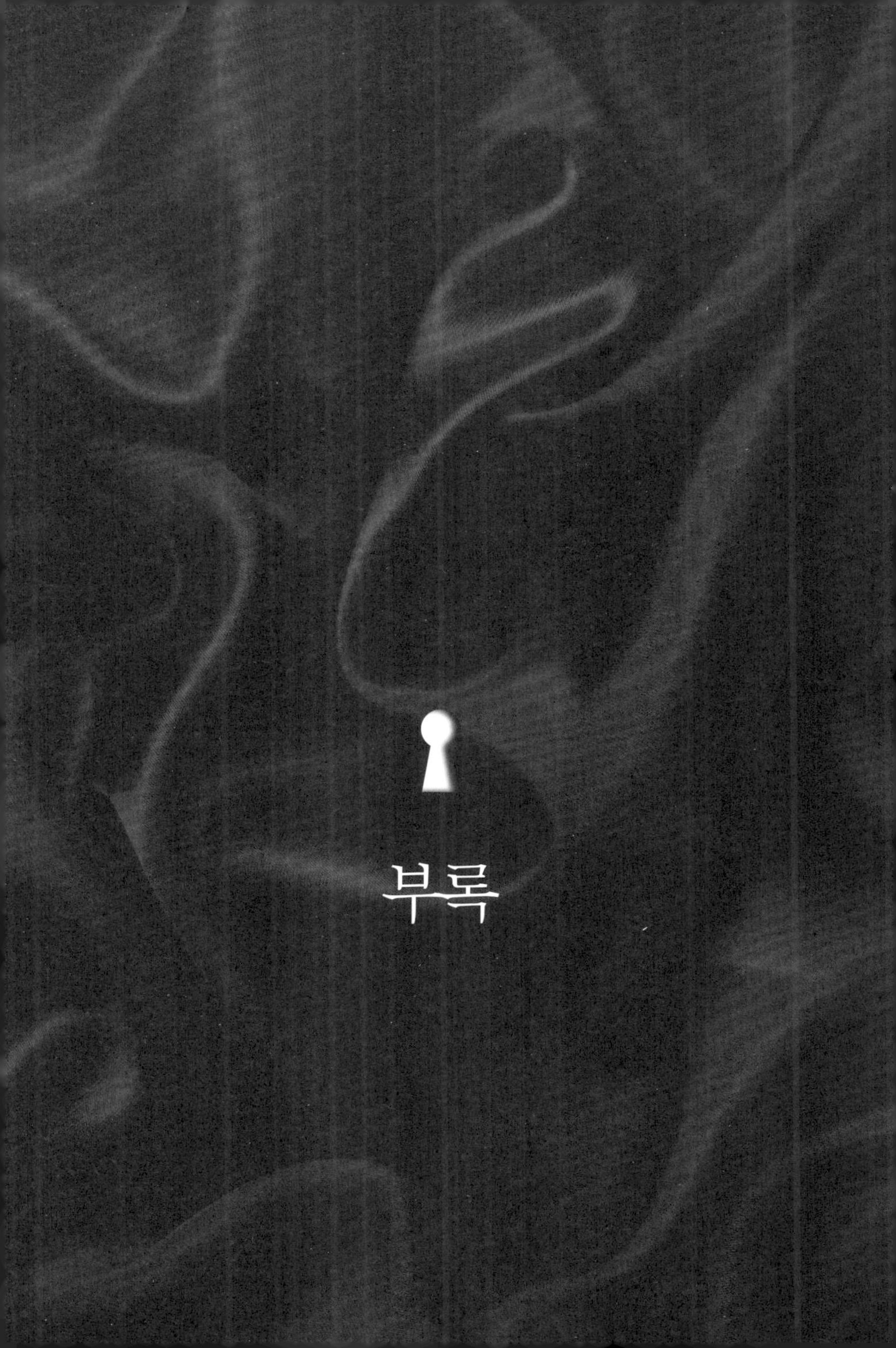
부록

전희 중 손을 이용한 자극

이상적인 자세

바닥에 등을 대고 나란히 눕는다. 이때 팔은 여성 복부에 걸친다. 이것이 오랜 시간 지치지 않으면서 능숙하게 손가락을 쓸 수 있는 이상적인 자세다. 팔이 쉴 수 있고 팔목을 여성의 치구가 받쳐주기 때문이다. 또한 이 자세를 통해 올바른 방식으로 손을 써서 부드러우면서 리드미컬하게 바깥쪽에서 자극할 수 있다. 이와는 다른 잘못된 방식은 억지로, 무리하게, 안쪽에서 하는 것이다

손가락을 이용한 자극에는 기본적으로 세 단계가 있다

첫째, 우선 나란히 눕는다. 손바닥 아랫부분을 여성 치구 위에 놓고, 손가락은 느슨하게 외음부 위에 걸친다. 한 손가락으로 부드럽게 탐색을 시작한다. 소음순의 윤곽을 안쪽과 바깥쪽 모두에서 두루 더듬어간다. 손끝으로 허벅지 안쪽을 쓰다듬는다. '이리 와' 자세로 질구를 연못 표면을 훑거나 고양이의 미간을 살짝 쓰다듬듯이 가볍게 어루만진다. 그리고는 손가락 끝으로 클리토리스 머리 끝부분을 원을 그리듯 부드럽게 자극한다.

다음에는 '이리 와' 자세로 다시 고양이를 쓰다듬듯이 아래쪽(소대)에서 시작하여 머리에 접근한 다음 질구를 살짝 스친다. 그런 다음, 머리 위 바깥쪽 잎이 만나는 곳(앞 맞교차)에서부터 자극해 내려오면서 손가락 끝과 손톱 끝으로 머리를 쓸어내린다.

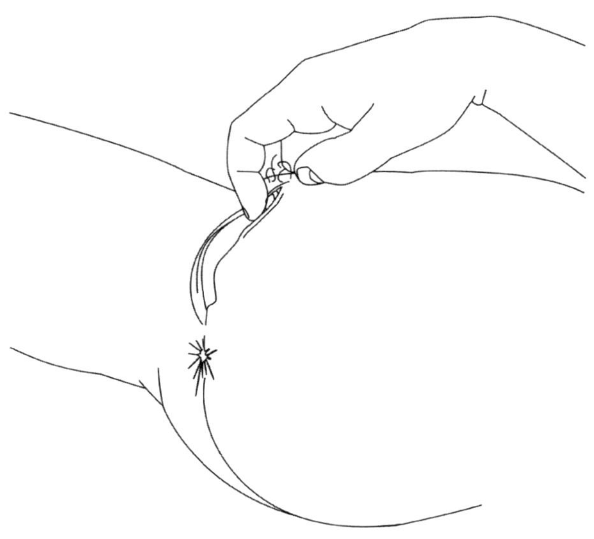

이제 두 손가락으로 양쪽에서 클리토리스 머리를 쥐어짠다.

두 번째는, 두 손가락을 질 속에 넣고 손가락 끝으로 질 천장을 누른 다음 치골을 움켜잡는다. 그러면 당신의 손가락이 클리토리스 머리를 둘러싸고 있을 것이다. 클리토리스 머리 바로 안쪽인 민감한 신경섬유가 교차하는 지점을 마사지한다. 이전의 부드러운 동작과 달리 이 자세에서는 더 강한 압박을 준다. 여성의 흥분 정도에 따라, 클리토리스 아랫단이 부풀면서 질구 주변이 당신 손가락을 가볍게 조여오는 것이 느껴질 것이다.

분위기가 고조되었으면 세 번째 손가락 넣기를 고려해보라. 계속

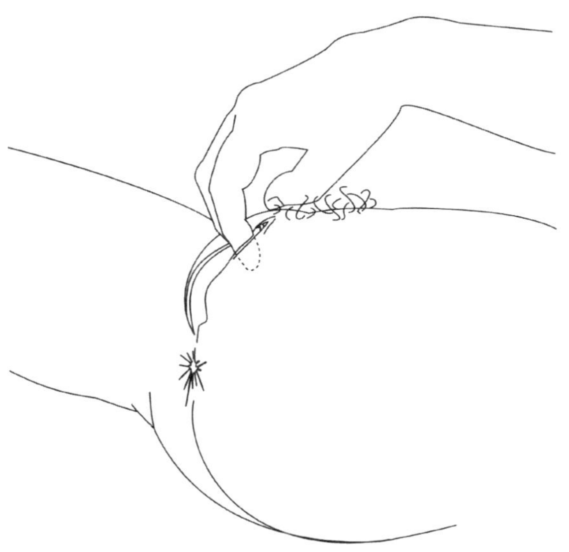

이 자세로 두 손가락이든 세 손가락이든 왼쪽에서 오른쪽으로 조금씩 빠르게 움직이면서 클리토리스 다발과 머리를 모두 마사지한다.

마지막으로, 손가락을 뺀 후 손바닥을 펴서 외음부를 완전히 감싸듯이 누른다. 그리고 손바닥을 벽처럼 만들어 여성이 누르도록 한다. 이렇게 하면 외음부에 분포한 대부분의 신경말단, 특히 매번 무시되는 소음순의 신경말단을 자극할 수 있다.

대부분의 남성이 손과 입으로 자극할 때 자신이 주도적으로 작업해야 하는 것으로 착각한다. 그러나 그렇게 하면 결국 혀와 손이 지쳐서 녹초가 되고 만다. 이런 유의 피로를 느낀다면, 아마도 당신은 작

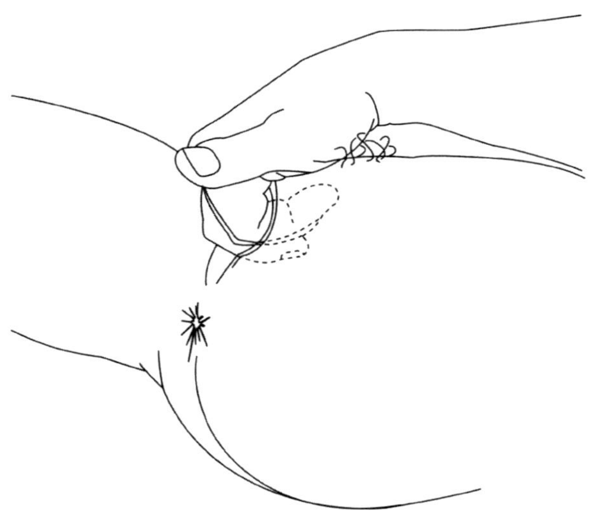

업은 열심히 하지만 결코 잘하고 있는 것은 아니다. 결코 간과해서는 안 될 일은 때로는 혀끝이나 손바닥과 같은 저항점을 꾸준히 제공하여 여성으로 하여금 직접 압박하도록 하는 것이다.

여성 옆자리에 누워서 규칙적으로 번갈아가며 위 세 유형의 자극을 주되 자세에 변화를 주어야 할 시점에 대해서는 자신의 본능에 충실한다.

자세에 변화를 주어 여성을 엎드려 눕게 할 수도 있다. 당신이 상체를 일으킨 다음 엄지를 질구에 넣고 리드미컬하게 클리토리스 다발을 마사지하면서 검지와 중지로 머리를 자극한다.

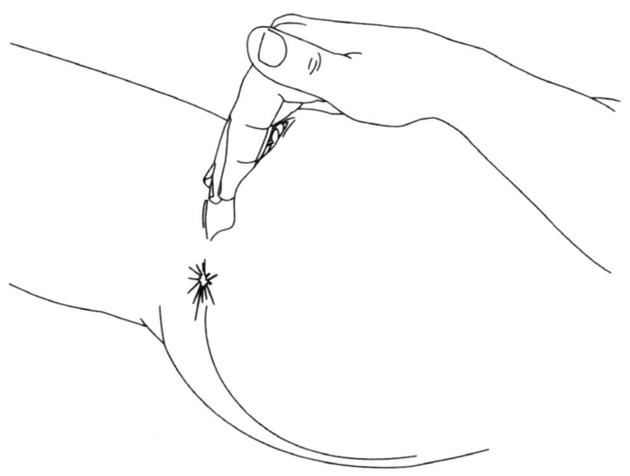

어떤 방식으로 접근하든 시간적 여유를 가지고 여성이 천천히, 그리고 조만간 오르가슴을 통해 방출될 성적 긴장을 쌓아 나가도록 한다. 손으로 하는 자극은 당신의 직업이 벌목꾼이든 사업가든 전혀 중요하지 않다. 이때 필요한 것은 튼튼한 '일손'뿐이다.

결박도구 이용 방법

결박도구는 앞에서 얘기한 대로 고통이나 위험을 주기 위한 것이 아니라 오히려 신뢰와 흥분을 촉진하기 위한 수단이다.

부드러운 도구를 이용하자. 넥타이, 스카프 또는 리본을 장만하거나 섹스 유희를 위해 특별히 고안된 벨크로(천 같은 것의 한쪽은 꺼끌하고, 다른 한쪽은 부드럽게 만들어 이 두 부분을 붙여 떨어지지 않게 하는 장치. 옷, 가방 등을 여밀 때 쓰는 것으로 흔히 찍찍이라고도 한다) 손목·발목 밴드를 구입한다.

침대 기둥이 있으면 여성의 양쪽 손을 따로 묶거나 아니면 양손을 함께 묶는다. 양손을 함께 묶을 때는 등 뒤가 아닌 머리 위로 묶어야 한다. 그녀를 불편하게 하거나 혈액순환을 방해할 수 있기 때문이다.

다리를 묶을 때는 다리를 넓게 벌려서 따로 묶는 실수를 해서는 안 된다(팔다리가 침대 네 귀퉁이에 각각 묶인 채 독수리처럼 쫙 벌리고 있는 고전적인 여인의 이미지를 떠올려라). 두 발목을 함께 묶어 여성이 원하는 대로 자세를 취하도록 한다.

주의사항

- 남자든 여자든 누군가를 묶을 때 절대 목 주위를 묶어서는 안 된다.
- 여성의 얼굴을 가리거나 호흡을 곤란하게 해서는 안 된다. 묶이거나 재갈물리기를 좋아할 여성도 있을 텐데, 여성이 숨쉬기 곤란하지 않게 하면서도 쉽게 재갈을 물릴 수 있다. 예를 들면 입을 틀어막기보다 머리와 입 주변에 얇고 긴 천을 둘러맨다.
- 여성 혼자 힘으로 풀고 나올 수 없다면 잠시라도 여성을 혼자 놔두어서는 안 된다.

- 장시간 묶어두어서는 안 된다.
- 여성이 조금이라도 불편해하면 즉시 적절하게 대응한다. 때로는 항의가 그녀의 성적 환상의 표현일 수도 있다. 분명하게 중단하라는 말이나 문장 같은 신호에 근거해 판단한다.

표준자세의 변형

성기능장애로 고민 중인 남성이 그 자체로서 즐길 만하고, 특히 조루 또는 발기부전을 겪고 있는 사람들에게 도움되는 두 가지 표준자세의 변형이 있다.

조루의 경우 쿤닐링구스는 아주 강렬한 성행위이기 때문에, 삽입 성교만큼 격렬한 사정을 일으키지는 않더라도, 특히 여성이 절정에 접근할 때 때이른 사정을 유발할 수 있음에 주의한다.

만일 조루증을 겪고 있다면, 여성이 침대 아래쪽에 누워 다리를 밑으로 내려놓고 외음부와 침대 끝을 맞춘다. 바닥에 베개를 놓고 여성 앞에 무릎을 꿇는다. 남성 어깨 위에 여성의 다리를 걸쳐도 된다. 이 자세라면 당신의 사정을 유발하는 신체 접촉과 마찰을 피하면서 효과적으로 오럴섹스를 할 수 있다.

발기부전과 관련해서, 쿤닐링구스 중에 흥분을 유지할 수 없다거나 발기를 상실한다고 불평하는 남성이 있다. 이런 문제가 있다면 23장에서 얘기한 표준자세에 약간만 변화를 준다. 여성의 다리 사이에 있지 말고, 여성의 다리 하나를 당신의 다리에 걸치고 페니스를 여성 다리 위에 놓는다. 페니스에 마사지 오일을 발라서 여성의 다리에 비벼도 된다. 이런 식으로 여성의 몸에 계속 접촉하면 충분히 흥분 상태를 유지할 수 있을 것이다. 또한 21장의 '삽입'을 보면 삽입과 쿤닐링구스를 번갈아 하는 기법이 나와 있다. 발기를 유지하는 데 도움이 될 것이다.

안전한 키스 1

18장에서 안전한 섹스에 관하여 살펴보았다. 이제는 실제로 기구를 장만하여 써볼 때다. 전희 중 손을 이용해 그녀를 충분히 자극했고 적절한 주의를 기울였다면 아마도 라텍스 장갑을 끼고 있을 것이다. 이 제품들의 색상이나 질감은 매우 다양한데 개중에는 살짝 가루가 뿌려져 있거나 윤활액이 발라져 있는 것도 있다.

- 이제 덴탈 댐을 써야 할 때다. 먼저 사용한 적이 없는 새 제품을 준비한다. 덴탈 댐은 항문 유희용으로도 쓰일 수 있으므로 주의해야 하고, 또한 외음부에 대고 쓰던 중에 항문에 닿지 않도록 조심한다. 항문에는 박테리아가 살 수 있기 때문에 덴탈 댐을 통해 외음부에 접촉되는 일이 없도록 주의한다.
- 수용성 윤활액 몇 방울을 외음부에 바른다(오일과 라텍스는 잘 섞이지 않

는다). 차단막을 외음부 전체에 잘 씌운다. 덴탈 댐을 쓰면 여성이 당신 혀의 촉촉함을 직접 느낄 수 없고 라텍스를 거쳐 촉감을 느끼게 된다. 이 책에서 소개한 모든 기법을 라텍스를 사용해 실행할 수도 있지만, 너무 작은 움직임으로는 잘 전달되지 않을 수 있으므로 사용하지 않을 때보다는 더 길고 강렬한 자극을 가하며 적당히 강도 조절을 한다.

• 덴탈 댐을 쓸 때에는 주로 혀를 이용하되 이와 잇몸을 동원해 압박을 가한다. 첫 키스의 경우에는 이미 설명했듯이 아이스크림을 핥듯이 할 수 있는데, 단 클리토리스 머리에 접근할 때는 혀로 쓸어내리는 대신 앞니의 평평한 면을 이용해 부드럽게 누른다.

덴탈 댐을 이용할 경우 쿤닐링구스의 실행 능력이 어느 정도 떨어진다는 것은 맞는 말이다. 확실히 대략 30~40퍼센트 정도 저하된다. 촉촉하게 젖은, 부드럽고 자유로운 혀의 터치가 가져오는 전기충격 같은 느낌을 온전히 전달하기가 어렵다. 그렇다고 완전히 불가능한 것은 아니어서 새로운 한계 안에서 작업하고 창의성과 끈기를 발휘하면 가능하다. 처음부터 한계를 인식하고 받아들이면 다른 방식으로 부족한 점을 훌륭히 메울 수 있을 것이다.

덴탈 댐을 감각에 대한 방해물로 여기지 말고 새로운 쾌락의 수단으로 생각하라.

• 댐의 끝자락으로 클리토리스 머리를 스친다.

- 또는 댐의 한쪽 끝을 질 안에 넣어 클리토리스 다발을 누르면서 남은 부분으로 클리토리스 바깥부분을 감싼다. 두 손으로 아름다운 진주를 '광내듯'이 클리토리스를 쓰다듬는다.

질문 : 오럴섹스를 할 때 덴탈 댐을 꼭 써야만 하나요? 손으로 자극하다가 바로 삽입하면 안 될까요?

답변 : 덴탈 댐을 쓰더라도 그녀는 오럴섹스의 즐거움을 상당히 누릴 수 있습니다. 혀, 이, 잇몸, 그리고 입술의 조합을 통해 손과 페니스만으로 얻을 수 없는 쾌락을 얻을 수 있기 때문입니다. 덴탈 댐을 이용할 때의 주된 장애는 물리적인 것이 아니라 심리적인 것입니다.

쿤닐링구스에서는 단지 혀를 움직이는 것 이상을 할 수 있다. 이, 잇몸, 입술을 이용하여 리듬감 있게 압박할 수 있고, 입과 손의 움직임을 결합하여 다양한 자극을 마음껏 선사할 수 있고, 여성의 성적 흥분 과정에 충분히 집중하고 배려할 수 있으며, 따라서 매우 다양한 접근을 통해 어우러진 행위를 경험할 수 있다. 육체적·정신적·감정적 경험은 각 부분의 행위들을 모두 합한 것보다 훨씬 더 큰 것이 될 수 있다. 또한 배우들 가운데 하나에 부분적으로 제약이 있다 하더라도 전체 상연은 계속될 수 있다.

안전한 키스 2

질문 : 현재 몇 명의 여자들과 사귀고 있습니다. 지금으로서는 제 상황이 일부일처라고는 할 수 없죠. 당장은 재미를 보고 싶을 뿐이어서 안전조치는 게을리 하지 않습니다. 그래서 오럴섹스를 할 때는 라텍스 차단막을 이용합니다. 그런데 제 손가락을 질 속에 넣어둔 채 차단막을 고정시키기가 어렵습니다. 손이 4개 있으면 좋겠습니다. 두 손으로 라텍스를 붙잡고 다른 두 손으로는 작업할 수 있도록 말입니다. 뭐 좋은 방법이 없을까요? (채드, 34세)

답변 : 라텍스 차단제를 제자리에 붙잡아 두는 동시에 손가락을 쓰기 어렵다는 점이 아마도 감각이 떨어진다는 점과 더불어 라텍스 차단막 사용에 따른 가장 큰 불만요인일 것입니다.

그래서 어떤 이는 차단막을 고정하기 위해 기발한 아이디어를 생각해내기도 하지요. 예를 들면 여성이 꽉 끼는 구멍 뚫린 삼각팬티를 입고 덴탈 댐을 사용하는 겁니다. 허벅지에 탄력밴드를 두르고 덴탈 댐의 각 모서리를 끼워 넣습니다. 심지어 사란랩으로 팬티를 만드는 사람도 있다고 하네요. 그러나 솔직히 이런 임시변통적인 방법은 좋아 보이지도 않고 심지어 어리석어 보이기조차 해서 굳이 자세하게 기술하지는 않겠습니다(당신의 상상에 맡긴다).

당신이 혀로 작업하는 동안 여성이 댐을 잡고 있는 것도 도움이 되겠지만, 아마도 가장 나은 해결책은 한 손으로는 차단막을 잡고 다른 한 손으로 그녀를 자극하는 데 익숙해지는 것입니다. 그래도 문제가 해결되지 않으면 새로운 방식으로 접근해보세요. 어떻게 하면 손을 자유롭게 만들 수 있을까를 고민하기보다는 차단막을 고정시킨 채 클리토리스 다발을 자극하는 최선의 방법을 찾는 것입니다.

- 딜도(다양한 크기와 질감의 플라스틱으로 만든 부드러운 페니스 모조물)로 시작한다. 두터우면서 머리 부분이 가늘어지고(직경이 적어도 5센티는 되어야 한다), 질구에 편안히 들어맞아야 한다.
- 딜도의 머리를 삽입한다(앞쪽 5센티). 불편함을 주지 않으면서 꼭 맞아야 한다. 성교 중에 그러하듯이 소대가 확장되어야 한다. 가장 중요한 것은 당신이 손으로 잡지 않아도 딜도가 질 속에 꼭 물려 있어야 한다는 점이다.
- 덴탈 댐을 제자리에 있도록 잘 잡고, 혀로 클리토리스 머리를 핥으면서 엄지로 소대를 마사지한다.
- 클리토리스 머리를 부드럽게 핥는다. 특히 성적 긴장이 상당히 쌓인 후에 딜도를 넣으면 클리토리스 아랫단이 조여들 것이다.
- 표준 크기의 진동기를 질구 깊숙이 천천히 밀어 넣되 진동기 아래쪽 3~5센티 정도가 밖에 남아 있도록 한다. 그리고 낮은 진동상태로 맞춰 놓는다. 당신이 덴탈 댐을 붙들고 있는 동안 뺨 또는 손목으로 바깥에 나와 있는 진동기를 누르면서 부드럽게 마사지할 수 있다.

마지막으로 당신과 파트너가 쿤닐링구스를 진지하게 생각하고 (아울러 유머감각이 있다면) '어코모데이터accommodator' 또는 '친동chin-dong(뺨-페니스)'으로 알려진 기구 구입도 고려할 만하다. 어코모데이터란 뺨의 끝에 들어맞고 탄력 있는 헤어밴드(포수의 마스크 같은)가 달린 부착식 딜도다. 친동을 착용하면 글자 그대로 얼굴에서 페니스가 자라나온 것처럼 보여 웃음이 튀어나온다. 친동은 조작이 쉽고 동시에 혀를 이용해 자극할 수 있다는 게 특징이다.

스칼릿 키스

여성이 생리 중일 때 오럴섹스를 피할 이유가 없는데도 피하는 경향이 있다. 쿤닐링구스 할 때는 보통 남성이나 여성 모두 맛, 냄새, 그리고 위생 문제에 민감하다. 여성은 특히 생리 중일 때 민감함이 더욱 증폭된다. 그러나 원통형 생리대의 발명으로 1년 365일 생리에 대한 걱정 없이 등골 오싹한 오럴섹스를 해줄 수 있게 되었다. 물론 이것은 여성이 준비되어 있어야 한다. 어떤 여성은 생리 중에 성욕이 눈에 띄게 줄어들기도 하고 반면 상당히 증가하는 여성도 있다. 그러므로 스칼릿 키스의 사용 여부는 전적으로 여성의 생리작용에 달려 있다.

• 전희를 시작하기에 앞서 여성이 깨끗한 탐폰(원통형 생리대)을 넣고
  수건으로 외음부 주위를 닦아낸다.

그런 다음 이 책에서 설명한 대부분의 핥기 테크닉을 실행할 수 있다.

- 늘 그랬듯이 부드럽고 가볍게 시작해서 리듬을 타며 지속적으로 압박한다.
- 끈을 내려서 치우는 것이 좋지만, 때로는 혀와 더불어 끈으로 클리토리스 머리를 쓰다듬거나 문질러도 큰 효과가 있다.
- 손가락 사용이 주저되면 탐폰을 손가락 대용물로 이용할 수도 있다.
- 여성이 성적 흥분을 하며 골반 근육과 클리토리스 아랫단이 탐폰 주위로 조여들며 오르가슴을 일으키는 데 기여할 것이다. 탐폰이 또한 클리토리스 다발을 압박할 것이다.
- 굳이 손가락을 질 속에 넣지 않더라도 질구, 소음순, 회음, 그리고 항문을 자극할 수 있다. 그리고 원한다면 탐폰 밑으로 손가락을 넣어 클리토리스 다발을 압박할 수 있다. 손가락 하나만 넣어도 생리 중이라는 사실을 모른 채 즐길 수 있다.

이런 방식이라면 여성이 오르가슴에 이르지 못할 이유가 없다. 사실 이 테크닉이 효과 있다는 것은 여성의 오르가슴이 주로 외음부 표면에 촘촘히 분포한 클리토리스 신경말단을 자극하는 데서 비롯되고 탐폰이 방해되지 않는다는 점을 분명히 보여준다.

그러나 스칼릿 키스, 그리고 안전한 섹스 절차와 관련해서 분명 알아야 할 것은 라텍스를 쓰더라도 여성이 생리 중일 때는 성병의 전이나 감염 가능성이 커진다는 점이다. 생리 중에는 HIV 같은 바이러스가 혈액 속에 더 많아지기 때문이다. 그러므로 덴탈 댐과 함께 탐폰을 쓰더라도 생리 중 쿤닐링구스는 완전히 피하는 것을 고려해 볼만하다.

처녀 키스 : 남성이 처음일 때

질문 : 저는 정말 여자친구한테 오럴섹스를 해주고 싶어요. 그런데 해본 적이 없어서 조금 걱정입니다. 냄새나 뭐 그런 것 때문이 아니라 제대로 해서 그녀를 기쁘게 하고 싶어요. 처음인 사람한테 해줄 조언은 없나요? (에릭, 21세)

답변 : 다음에 주목하세요.

1. 전희를 통해 여성을 충분히 흥분시킨다.

2. 서두르지 않는다.

3. 최대한 부드럽고 리듬을 타며 한다. 포르노에서 본 것은 다 잊고 자신감을 갖는다. 부드러운 것과 맥없는 것은 다르다. 마음과 혀를 강하게 하자.

4. 보이는 것에 집중한다. 음순(안쪽과 바깥쪽), 앞 맞교차와 소대, 질구, 회음, 그리고 클리토리스 머리, 외음부 전체를 자극한다.

5. 서둘러 클리토리스 머리에 달려들지 않는다. 머리는 예민하기

때문에 처음에는 외음부의 다른 부분에 집중한다.

6. 천천히 그리고 폭넓게 핥는다(위, 아래, 왼쪽, 오른쪽). 무엇이 되고 무엇은 안 되는지 여성의 표정 등을 잘 살펴본다. 여성에게 어떻게 하는 것이 느낌이 좋은지 물어봐도 되지만 질문공세를 해서는 안 된다.

7. 당신이 얼마나 오럴섹스를 좋아하는지 여성에게 알려준다. 그녀의 냄새가 얼마나 좋은지도 함께.

8. 단순하면서도 리드미컬해야 한다. 이 책에서 소개한 기본절차에 충실하고 환상을 피한다. 당분간은 클리토리스 다발을 자극하려고 애쓰지 않는다.

9. 당신의 본능을 신뢰한다. 많은 생각을 하기보다 편안한 마음으로 행위를 이어 나간다.

10. 오르가슴 중심의 접근이 아니라 쾌락 중심의 접근법을 취한다. 첫 시도에 여성이 오르가슴에 이를 수도 그렇지 않을 수도 있다. 그렇다고 그녀가 즐길 수 없다는 것은 아니다.

처녀 키스 : 여성이 처음일 때

질문 : 제 남자친구가 저와 오럴섹스를 하고 싶어해요. 저는 흥분되면서도 걱정스러워요. 처음이라 무슨 일이 있을지 기대되기 때문에 흥분되지만 한편으로는 성교 중에 오르가슴을 느껴본 적이 없어 걱정입니다. 자위행위 때는 오르가슴을 느끼는데 남자친구와 할 때는 그

렇게 안 돼요. 오르가슴을 느끼는 척만 했을 뿐……. 저는 지금의 남자친구를 정말 좋아해요. 결혼까지도 생각하고 있어 솔직히 드러내말하려고 해요. 남자친구는 오럴섹스를 좋아하고 제가 오르가슴에 이를 거라고 믿지만, 저는 잘 모르겠어요. 사실 제가 오럴섹스를 안 한 이유는 남자가 제 그곳을 보고, 맛보고, 냄새 맡는 것이 편치 않아서입니다. 어떻게 하면 좋을까요? (린, 23세)

답변 : 남자친구의 생각이 맞습니다. 삽입 성교보다는 쿤닐링구스를 통해 오르가슴에 이를 가능성이 훨씬 더 크죠. 클리토리스야말로 오르가슴의 발전소로서, 지속적이고 리듬을 타는 압박을 통해 가장 잘 자극받기 때문입니다.

삽입 성교는 일반적으로 성적 흥분 과정에서 필요한 만큼 클리토리스에 자극이 가해지지 않습니다. 자위행위 때 오르가슴을 느낄 수 있는 것과는 또 다른 것이죠.

당신이 자위행위를 통해 오르가슴을 느낀다는 것은 매우 바람직한 신호입니다. 자위행위로 오르가슴을 느끼지 못한다면 쿤닐링구스를 통해서도 느끼지 못할 가능성이 커지기 때문입니다. 자위행위는 쾌락을 생산하는 과정에서 몸과 마음을 동시에 훈련시키기 위한 첫걸음입니다.

따라서 당신은 바람직한 길로 향하고 있으며, 쿤닐링구스를 통해 오르가슴에 도달할 것이 분명합니다.

- 중요한 것은 마음 편안하게 쾌락지향 접근법을 취하는 것이다. 오르가슴에 집착하지 말고 즐거운 체험에 집중한다. 남자친구가 쿤닐링구스를 좋아한다니 잘 된 일이다. 남자친구 역시 쾌락지향적인 접근법을 취해야 하며, 오르가슴에 집착해서는 안 된다.
- 전희를 통해 충분히 자극되어야 한다. 자위행위 때 어떻게 손을 이용해 오르가슴에 올랐는지를 생각해보라.
- 평소 진동기 또는 딜도를 이용한다면, 남자친구에게 부탁해서 오럴섹스에 포함시킨다. 당신의 자위행위를 지켜보게 하거나, 남성의 손을 빌려 자위행위를 할 수 있다.
- 남자친구에게 부끄러워 말고 무엇이 좋고 무엇이 안 좋은지 알려준다. 느낌이 좋으면 칭찬해주고, 좋지 않으면 긍정적으로 충고해준다. 섹스 능력에 관한 피드백에 있어 남성의 자아는 상처받기 쉽다.

남성에게 오럴섹스를 받아본 적이 없다면 롤러코스터를 탄 것 같은 느낌에 대비해야 할 것이다. 어떤 느낌은 끝내주고 어떤 느낌은 새로우면서 이상하고, 압도적이거나 심지어 불편하기까지 하다. 그의 작업을 바꾸고 싶으면 그에게 알려준다.

섹스 칼럼니스트이자 작가인 앙카 라다코비치는 그녀의 첫 쿤닐링구스 경험에 관하여 이렇게 썼다. "새로 산 내 차 앞좌석에서 나는 완전히 무너져 내리고 있었다. 너무나 흥분한 나머지 실수로 기어를 넣는 바람에 차고 문을 들이받아 차 앞부분이 박살이 났다. 보험회사

직원에게 이 일을 어떻게 설명했을지 상상해보라."

남자친구가 보고, 냄새 맡고, 맛보는 일을 부끄러워하는 것은 당신뿐만이 아니다. 마음을 편히 갖는 데 도움될 만한 몇 가지 조치가 있다.

- 전희 과정에 목욕 또는 샤워를 포함시킨다. 남자친구가 향기로운 기름으로 마사지하도록 한다. 남자친구의 열의를 높이 사주고, 남성들 대부분이 외음부의 모양, 맛, 냄새를 좋아하며 쿤닐링구스를 하면서 매우 흥분한다는 점을 알아야 한다. 남자친구의 열의가 당신에게 전달되어 당신도 쉽게 그 체험에 휩싸일 수 있게 되기를 바란다.
- 긴장을 풀고 편안하게 성적 흥분 과정에 집중한다. 자위행위 때와 같은 마음가짐을 갖는다. 당신의 감각에 주의를 기울이고 쾌락을 받아들이는 데 집중하면서 느낌의 추이를 따라간다. 대부분의 여성은 삽입 성교보다는 오럴섹스를 하면서 환상에 빠지는 경향이 있다. 그러니 두려워하지 말고 상상의 나래를 펼쳐라.
- 몇 번을 시도한 뒤에야 절정에 다다를 수도 있다. 그러나 실망할 것 없다. 또한 오르가슴에 근접은 했지만 완전히 이르지는 못할 수도 있다.
- 마지막으로, 오르가슴에 거의 가까워짐을 느끼지만 벽을 넘지 못할 때, 최종 '몇 미터'만이라도 자위행위를 생각해본다. 특히 자위

행위를 통해 오르가슴에 도달한 경험이 있다면 더욱 고려할 만하다. 보통 자위행위를 혼자만의 것으로 생각하고 부끄럽게 여기는 경향이 있는데 실은 남녀 모두 파트너의 자위행위를 지켜보는 것에 환상을 갖고 있다. 삽입 성교 중에 오르가슴에 이르지 못함을 서로 터놓고 말했으니 자위행위의 중요성에 관해 솔직하면서도 편안하게 대화를 나눌 수 있어야 한다. 남성은 분명 당신이 자위행위를 통해 돌이킬 수 없는 지점을 넘어가는 것을 즐겁게 지켜볼 것이다. 특히 그렇게 가는 길에서 자신이 90퍼센트를 도와주었기 때문에 더더욱 즐거운 마음으로.

• 자위행위에 관해 드러내놓고 말하기 어색하다면, 남성이 혀를 이용해 최대한 많이 흥분하게 만들고 여성 상위 자세로 삽입 성교를 시도한다. 그러면 여성이 위에서 클리토리스에 가해지는 리듬과 압박 강도, 그리고 페니스의 위치를 더 잘 조절할 수 있다. 그리고 많은 여성들이 성교 중에 자신의 몸을 만지는 데 익숙하기 때문에 자위행위와 삽입의 조합을 시도해볼 만하다.

무엇보다도 쿤닐링구스가 주는 쾌락을 즐기는 것이 중요하다. 처음에 오르가슴에 이르지 못하더라도 오르가슴으로 가는 길 위에 있음은 분명하다.

임신 중 키스

의사가 조산을 이유로 특별히 막지 않는다면 임신 중에 쿤닐링구스를 즐기지 못할 이유가 없다(예를 들어, 유산의 경험이 있을 경우 자궁수축이 조산을 유도할 수도 있다). 성행위 때 방출되는 옥시토신은 출산과정에서 자궁이 수축할 때도 나온다. 사실, 출산을 유도하기 위해 때로는 합성 옥시토신이 이용되기도 한다. 또한 의사가 출산을 촉진하기 위해 섹스와 오르가슴을 권하는 일도 있다.

그러나 대부분의 경우 임신 기간 내내 쿤닐링구스는 건강한 성생활 유지에 중요한 역할을 한다. 사실, 여성은 남성의 혀를 더 높이 사줄 것이다. 《여자친구를 위한 임신 가이드The Girlfriends' Guide to Pregnancy》에서 비키 아이오딘은 다음과 같이 썼다. "임신 중에 아래쪽에 일어나는 가장 좋은 변화는 많은 여성이 항상 성적 흥분 상태에 있는 것처럼 느낀다는 점이다. 신체기관이 충혈되어 있기 때문이다. 내 여자친구 트레이시는 아주 많이 걸을 때면 거의 오르가슴에 이른다고 한다. 다리가 서로 마찰하면서 끝나지 않는 전희와도 같은 희열을 느끼게 하기 때문이다."

※**주의사항** : 임신 2기(임신 후 4~6개월)에 접어들었을 때는 오랜 시간 등을 대고 누워 있으면 안 된다. 이렇게 누운 자세로 있으면 대정맥으로부터 혈액의 흐름이 차단되어 몸 안의 산소공급에 영향을 주기 때문이다. 여성 엉덩이와 등 아래쪽(어느 쪽이든 괜찮다)에 베개를 놓아 몸을

약간 기울임으로써 이 문제를 해결할 수 있다.

임신이 가져오는 또 하나의 혜택은 여성이 훨씬 더 쉽게 오르가슴에 이를 수 있으며, 강도가 더 세고 지속시간도 길다는 점이다. 이는 여성의 자궁이 더 강하게 수축하고 섹스 중에 옥시토신이 더 잘 방출되기 때문이다.

이러한 흥분은 여성의 성기가 항상 충혈되어 있어 계속해서 성적 긴장 상태에 놓인 것 같은 느낌을 갖기 때문이다. 여성은 종종 의도하지는 않았는데도 임신 중 다중 오르가슴을 체험하는 잠재력을 발견하기도 한다.

쿤닐링구스가 다른 어떤 성행위보다 서로를 더욱 가깝고 긴밀하게 이어주기 때문에 임신 중에 일어나는 어떤 변화를 감지할 가능성도 커진다. 평소 생리가 있을 무렵 일시적인 출혈을 경험하는 여성도 있다. 그러나 이 가벼운 출혈은 걱정할 필요가 없는 것으로서, 보통 정상 임신 또는 임박한 유산의 징후로서 나타나는 심한 출혈과 혼동해서는 안 된다. 또한 여성의 클리토리스가 충혈되어 있는 것을 볼 수 있는데, 이로 말미암아 음순이 커지고 색깔이 바뀐다(대체로 짙어진다). 또한 분비물이 더 진해지고 냄새가 뚜렷해질 수도 있다. 이런 변화에 주의해야 하며, 여성 역시 민감할 것이다. 그런 만큼 함께 편안한 마음가짐을 갖는 게 필요하다. 임신 중에는 세 가지 확약이 어느 때보다도 중요해진다. "그녀는 냄새가 좋다, 맛이 좋다, 모든 면에서 아름답다." 그리고 하나 더, 오럴섹스가 좋다.

유용한 도구들

질문 : 저는 쿤닐링구스에 서툽니다. 손과 혀를 동시에 쓸 수가 없어요. 두 가지를 동시에 하는 것이 너무 어려운데, 어떻게 하면 좋을까요? (제프, 32세)

대답 : 진동기를 써보세요. 숙련도가 얼마나 되는지에 상관없이 진동기는 쿤닐링구스에 큰 도움이 됩니다.

여자친구가 자위행위용 진동기를 가지고 있지 않으면, 함께 장만하는 것도 좋은데 아마도 재미있지만 주춤할 수도 있을 겁니다. 왜냐하면 크기, 모양, 질감, 스타일, 그리고 부가장치 등이 다양해 선택의 폭이 넓기 때문이죠.

그러나 특히 쿤닐링구스를 보완해줄 진동기를 고르는 일이라면, 다시 한 번 '형식은 기능을 따른다'는 것을 명심하세요. 많은 남성이 진동기의 사용 목적이 꽂거나 찔러 넣기 위한 것, 즉 삽입 성교 중인 페니스를 값싸게 모방하는 것이라고 생각하는 실수를 범합니다. 그러다 보니 진동기의 모양이 남성의 성기를 따르는 것이죠.

외음부의 보이는 부분을 혀와 손가락으로 자극할 때 부드럽고 리듬감 있게 하듯이, 진동기도 질 속에 5센티 정도만 넣은 후 그런 방식으로 이용해야 합니다.

진동기를 플라스틱 페니스가 아니라 혀와 손가락 대용품으로 여겨야 합니다. 페니스처럼 생겼다고 페니스처럼 이용해서는 안 된다는 애기입니다. 따라서 막대기 모양에 길이는 10~15센티, 두께는 0.6센티 정도의 제품이면 충분합니다. 5센티 정도만 집어넣기 때문에 길이는 별로 중요치 않습니다.

대부분의 진동기는 딱딱한 플라스틱이나 젤리 같은 부드러운 실리콘으로 둘러싸여 있습니다. 어느 쪽도 상관없으나 단단하고 튼튼하면서 부드럽게 구부러지는 것이 좋습니다. 간단히 말해 단순하지만, 믿을 만하고 혐오감을 주지 않으면서 편안하고 다루기 쉬운 것이어야 합니다.

다른 도구와 마찬가지로 중요한 것은 도구를 어떻게 쓰느냐 하는 것입니다. 쿤닐링구스 중에 첫 키스 후 아무 때나 진동기를 써도 되지만, 쿤닐링구스가 충분히 진행되어 오르가슴 접근 단계에 이르렀을 때 쓰는 것이 가장 바람직합니다.

진동기를 손가락 대신 이용한다고 생각하면서 외음부의 보이는 부분(음순, 회음, 클리토리스 머리와 그 주변)을 부드럽게 자극하여 여성의 몸을 편안하게 자극하세요. 저속에 맞춘 진동기가 웅웅거리며 자극하면 여성의 몸도 그에 반응하여 점점 성적 긴장을 쌓아 나갈 것입니다.

- 진동기를 질구 안에 넣는다(필요하면 윤활액을 쓴다). 질구의 초입에 머물면서 클리토리스 다발에 자극을 집중한다. 부드럽게 진동기를 넣었다 뺐다 한다. 이때 움직임의 범위가 질속 2.5센티에서 5센티를 넘지 않아야 함을 명심한다.
- 주로 진동기 끝으로 작업한다. 충분한 시간을 두고 진동기로 질구

를 자극한다. 이러한 완만하고 작은 움직임에 자극을 받다 보면 클리토리스 아랫단이 진동기 주위로 조여들 것이다.

실행 팁 일단 여성을 자극한 후 진동기 밑으로 손가락 1개나 2개를 넣고 위로 밀어 올린다. 이렇게 하면 진동기가 클리토리스 다발을 충분히 마사지할 수 있다.

절차 양식

아래의 빈 양식을 복사하여 자신만의 절차를 만드는 데 이용한다.

1단계 : 첫 키스 (1분 이내)

혀 : _______________________________________

손가락 : ___________________________________

손 : _______________________________________

2단계 : 리듬 타기 (3~5분)

혀 : _______________________________________

손가락 : ___________________________________

손 : _______________________________________

3단계 : 긴장 쌓기 (5~10분)

혀 : _______________________________________

손가락 : ______________________________________

손 : ______________________________________

4단계 : 긴장 고조 (3~5분)

혀 : ______________________________________

손가락 : ______________________________________

손 : ______________________________________

5단계 : 오르가슴 접근 (3~5분)

혀 : ______________________________________

손가락 : ______________________________________

손 : ______________________________________

6단계 : 오르가슴 (1분 이내)

혀 : ______________________________________

손가락 : ______________________________________

손 : ______________________________________

미국 성의학 최고의 권위자 이안 커너 박사가 알려주는 즐거운 섹스

내 여자를 위한 사랑의 기술 그 남자의 섹스

초판 1쇄 발행 2014년 5월 27일
초판 2쇄 발행 2022년 8월 5일

지은이 이안 커너
옮긴이 전광철
펴낸이 이범상
펴낸곳 (주)비전비엔피 · S플레이북

주소 121-894 서울특별시 마포구 잔다리로7길 12(서교동)
전화 02) 338-2411 | **팩스** 02) 338-2413
홈페이지 www.visionbp.co.kr
이메일 splaybook@naver.com
원고투고 editor@visionbp.co.kr
인스타그램 www.instagram.com/visionbnp
포스트 post.naver.com/visioncorea

등록번호 제2013-000152호

ISBN 979-11-85590-09-7   13590

· 값은 뒤표지에 있습니다.
· 잘못된 책은 구입하신 서점에서 바꿔드립니다.

도서에 대한 소식과 콘텐츠를
받아보고 싶으신가요?